U0501211

流动电位法在地下流体流态监测中的应用研究

张峰　著

中国水利水电出版社
www.waterpub.com.cn
·北京·

内 容 提 要

本书介绍了流动电位现象研究的历史，探讨了流动电位产生的基本原理以及国内外实际应用的现状，研究总结了我国不同时期油田开发的开采方法，提出各种驱油方法实质上都是属于将各种注入液（流体）在压力作用下从储油层（固体）中通过的流体流动方式采油。结合流动电位产生的基本原理提出了只要是采用了将流体注入油层驱替石油的方式，都可能产生流动电位，也就都有可能使用流动电位法来进行流体流态的监测。书中对流动电位定量研究实验测试系统相关的影响因素进行了讨论，结合流动电位法应用的实际背景条件和室内实验的目的以及相关影响因素，设计了与油藏开发条件匹配的岩石流动电位室内基础实验测试系统平台。利用实验平台对选定的岩心进行了多种工况的流动电位室内测试实验，对实验结果进行计算分析，算出不同矿化度条件下中砂岩和粗砂岩的流动电位系数。也在某野外实验区进行了小规模地层条件下流动电位注水实验，探讨了野外作业中流动电位法使用的可行性。

本书可供从事地下水流态监测和油田注水开采的科研工作者参考。

图书在版编目（CIP）数据

流动电位法在地下流体流态监测中的应用研究 / 张峰著. -- 北京：中国水利水电出版社，2025. 4.
ISBN 978-7-5226-2929-2

Ⅰ. P542.5

中国国家版本馆CIP数据核字第2024BW0673号

书　　　名	流动电位法在地下流体流态监测中的应用研究 LIUDONG DIANWEIFA ZAI DIXIA LIUTI LIUTAI JIANCE ZHONG DE YINGYONG YANJIU
作　　　者	张峰　著
出 版 发 行	中国水利水电出版社 （北京市海淀区玉渊潭南路 1 号 D 座　100038） 网址：www.waterpub.com.cn E-mail：sales@mwr.gov.cn 电话：（010）68545888（营销中心）
经　　　售	北京科水图书销售有限公司 电话：（010）68545874、63202643 全国各地新华书店和相关出版物销售网点
排　　　版	中国水利水电出版社微机排版中心
印　　　刷	天津嘉恒印务有限公司
规　　　格	170mm×240mm　16 开本　9.25 印张　202 千字
版　　　次	2025 年 4 月第 1 版　2025 年 4 月第 1 次印刷
定　　　价	**58.00 元**

凡购买我社图书，如有缺页、倒页、脱页的，本社营销中心负责调换

版权所有·侵权必究

当前，能源缺乏问题已经成为严重制约各国经济发展的重要因素。随着我国油藏勘探及对老油田开发的深入，在开采现场遇到了一些复杂储层评价的难题。这些复杂储层包括含断层的储层、裂隙密集储层、薄层砂泥岩互层储层、渗透率各向差异大的储层等，这类储层中含有大量的工业性油气流，也被看作是油田增储上产、老油田改造挖潜的一个重要来源。但由于这类油气层与常规油气层相比，储层构成和孔隙结构比较复杂，从而在技术层面给这类储层的常规测井工作带来一些困惑，增加了更多的工作量，相应地也就造成了单位采油费用的提升。

研究流动电位产生的原理可知，当高压水流注入地下时，地层水压力重新分配，同时伴随产生流动电位。我国二次采油一般都采用注水（气）的方式，有的油田甚至一次开采时就直接采用注水开采，在油田的三次开发中也广泛采用了聚合物驱油等向油层注液的开采方式。如果能利用注液产生的流动电位来推测储层流体的即时状态，则有望提高采油效率，节约采油综合费用。

本书通过大量模拟实际地层条件下的高压室内实验和小规模野外注水实验，认为地层中流体流动电位的变化是地下流体进行压力分配的直接表现，在地面采集地下流体流动电位变化的数据，结合实验分析和数据的解析处理，可以了解流动电位变化的规律。书中提出了利用流体流动电位现象对深地层流体的流态进行实时监测，从而揭示油田储油层地质结构，指导地面采注工作，为我国油藏开发物探测井提供了一种新的技术思路。对流动电位现象和注入条件相关性开展室内模拟地层条件下的实验研究，为将来我国油藏开发时对流动电位法的实际应用积累基础数据，也为将来实际石油开发提供一定的量化评价基础。科学利用地下流体由于压力变化产生流动电位这一现象，可以对地下流体的流动状态进行有效的监测。流动电位法为我国的石油开采和地热测井技术提供了一种新的思路，在监测地下流体流态方面应用前景广泛。

作者由于专业背景所限，对流动电位法的研究还不够深入，提出的观点可能不是很成熟，书中也难免存在一些问题，敬请同行批评指正。

特别感谢日本东京都立大学岩楯教授提供实验支持。

感谢浙江水利水电学院对本书出版的资助。

浙江水利水电学院　张　峰

2024 年 11 月

目 录

绪　论

1.1　研究目的和意义

　　我国二次采油一般都采用注水（气）的方式，甚至有的油田一次开采时就直接采用注水的方式，一般在油田的三次开发中也广泛采用聚合物驱油等向油层注液开采的方式[1]。为了在石油开发时及时了解储油层中流体的状态，以往主要是运用地震探查、重力探查、电磁探查等间接方法，以及地化学等直接方法。但由于复杂油气层的导电机理发生了变化，现有常用测井解释方法不能准确了解这类复杂油气层的导电规律，尤其是当裂隙、断层、差异渗透性储层等多种因素存在于同一油气层时，使用以往的物理测井法难度加大[2]。同时以往的方法在具体作业时，从开始操作到可以明显观察到物理特性的变化，往往要花费数日到数月的时间，从数据的处理解析到最终结果的给出，都需要长时间的工作，效率较低，也导致一般都需要非常昂贵的费用，而且测试结果的误差也较大，这给我国油田开发带来不利影响。因此，寻找其他新型探测方法对现阶段提高复杂油气层的评价精度有着非常重要的现实意义。

　　注液开采是当前我国石油开发的普遍方式，施工示意如图 1.1 所示。查阅国内外相关文献资料得知，当高压水流注入地下时，将会同时伴随产生流动电位[3-6]。理论上利用流体流动电位法只需要很短的时间（数秒到数分）就有可能了解到地下流体的即时状态（包括注入液到达的位置、行进的路径、地下流体压力分布等），如果能利用产生的流动电位来推测储层流体的即时状态，则可以提高对地下流体流态推测的效率。相对传统方法，流体流动电位法具有其自身特有的优势，效率较高，如果可以将流体流动电位法实际应用到石油开采时对地下流体状态的监测，则有望对注入液压力的调整、注水方式的合理安排、高效经济布置注采井网、指导油井加密、选定低渗层段的压裂层位、调整层系划分、跟踪油田开发效果以及对聚合物流体渗流状态的实时判断等起到有效帮助，从而达到提高采油效率、较大幅度降低采油综合费用的目的，同时也可以缓解目前测井遇到的难以准确测定评价储层复杂电阻率和油水饱和度的难题。

图 1.1 二次开采注液采油施工示意图

本书针对我国陆相油藏复杂油气层分布规律[7]，从理论和实验角度研究流动电位的产生和随注入流体压力变化的规律，试图将流动电位法应用到油藏开发时对深地层流体状态的监测中去。通过在特制的模拟地层条件的室内高压测试系统中使用蒸馏水、盐水、稀油作为注入液，研究流体高压注入饱和岩心的过程中岩心内流动电位产生及变化的具体情况，观察流体流动电位变化的规律，给出相关因数的定量关系，为将来在石油开发现场使用流动电位法积累基础数据。室内实验完成后，在野外进行小规模的流动电位注水监测实验，对野外实际地层条件下注水时地下流体产生的流动电位进行观测研究，研究该方法在实际地层中使用的可行性。

本书提出的模拟地层条件下在岩心中测定流动电位的实验方法，以及利用流动电位法推测地层中流体渗流状况的技术概念，对提高复杂储层中流体渗流状况的研究精度具有一定的应用价值，也可丰富未来的石油测井的技术思路。

1.2　主要研究内容

本书首先介绍流动电位现象研究的历史，探讨流动电位产生的基本原理以及目前流动电位法在国内外实际应用的现状。从国内外文献可以看出，目前对流动电位法的研究主要考虑的对象大多是各种膜的动电现象，对于地下流体在流动过程中的流动电位现象虽然早有发现，但尚处在定性研究阶段，而且在监测流体流态应用方面基本没有专门的讨论。

研究我国油藏的基本特点后可知，由于我国的油藏大多是陆相，其形成过程就决定了油藏大多具有断层和裂缝多、油层渗透性各向严重异性等典型的非均质储层大量分布的状态，给我国常用的测井技术带来严重困扰。通过研究流动电位产生的机理，可以发现它从另一个不同的技术角度对油藏开发提供了效率较高的监测手段。

本书对油藏开发中产生的流动电位现象进行了理论分析，指出储层中非均质现象的广泛分布及油藏开发过程中注采操作过程均会引起地下流体压力分布的不均衡，也就会产生流动电位现象。但如何评价流动电位现象和压力分布的定量关系，需结合室内实验和野外测试的结果综合考虑。

为较好地拟合实验条件和实际地层条件，研究了我国实际油田的主体岩性、地层水的矿化度、注入液的矿化度等条件，结合将来流动电位法应用的实际背景条件，设计了与油藏开发条件匹配的实验测试系统，并结合不同的实验组合工况，推出实验平台。

利用实验平台对选定的岩心进行室内流动电位实验，分别使用蒸馏水、不同矿化度的盐水溶液和稀油来饱和实验用的岩心，对选定的岩心分别进行变注入压力和定注入压力条件下流动电位多工况岩心实验，采集岩心注入流体后各个时期发生的流动电位数据，对测定的实验结果进行讨论，研究不同条件下注入时流动电位变化的规律，考察饱和溶液矿化度、注入流体矿化度、电阻率变化、注入压力等因素对流动电位的影响，分析处理取得的数据，计算相应条件下的流动电位系数，给出流动电位变化与注入条件的定量关系。

为探讨野外作业中流动电位法使用的可行性，在野外初步进行了小规模地层条件下流动电位注水实验，探讨野外作业中流动电位法使用的可行性。实验采集到了较明显的流动电位，说明在野外对地下流体状态的推测是可以实现的。

书中最后总结了流动电位法室内实验和野外测试研究的结果，提出流动电位法在监测地下流体流态方面应用前景广泛，为我国的油藏测井技术提供了一种新的思路，同时也对将来进一步的实验研究以及在油藏开发中实际应用可能遇到的问题进行了初步讨论。

本书的创新点在于提出将流体的流动电位现象应用到深地层流体的流态监测中，特别是对石油开发时油水运动状况的监测。在室内进行的模拟地层条件下岩心注水时对流动电位的测定实验，以及对流动电位进行的量化研究，也属于新的研究方向。

1.3 流动电位现象研究进展

流动电位现象是固体表面的电现象和力学现象的组合，其特征是双电层中带电表面和大量溶液间的相对剪切运动。

根据作用力和受力后运动相的不同可以把流动电位现象分为电泳、电渗、沉降电位和流动电位四类。

（1）电泳：在外加电场作用下，带电表面相对于静止不动的液相运动。

（2）电渗：在外加电场作用下，液相相对于静止的带电表面运动。

（3）沉降电位：在外力作用下，带电表面相对于静止的液相运动而诱导产生电场。

（4）流动电位：在外力作用下，固-液两相被迫进行相对移动时，液相相对于静止的带电表面流动而诱导产生电场。

本书主要对流动电位现象开展研究讨论，本节首先讨论流动电位现象的研究历史、流动电位现象理论研究以及流动电位法应用进展。

1.3.1 流动电位现象的研究历史

19 世纪早期便发现了动电现象，对其进行的理论研究至今已近两个世纪。

1808 年，在动电现象发展的早期，Reuss[8] 发现毛细管内的流体能够通过外加电场加以引导。当时 Reuss 进行了两项实验：第一项实验说明了电渗现象存在，第二项实验发现了电泳现象。Reuss 实验表明，液体与固体表面接触有可能使液体带电。大约半个世纪以后，Franz 等[9] 进行了许多定量实验，发表了一个动电学基础理论。

在 1850 年，Quinke 首次提出在固相和液相界面存在双电层的假设[10]：在固液界面上，由于固体表面物质的离解或对溶液中离子的吸附作用，会导致固体表面某种电荷过剩，并使附近液相中形成带异种电荷离子的不均匀分布。1859 年，Quinke 发现了流动电位现象，认为它是电渗透的逆现象。Quinke 指出，如果电渗是在外电场作用下液体在孔状介质中的上升运动，则在液体流过孔状固体时或在外部压力差的影响下，将出现相反的效应电位差，即流动电位。Quinke 使用不同材料在蒸馏水中流动，都观察到有电位差出现。实验表明，流动电位仅仅在固体存在时出现，与固体的线性大小、横截面及厚度无关。通过 Quinke 等人的研究，到 19 世纪 70 年代，人们已经清楚地认识到了动电现象，以及在液体和固体之间的边界区域存在的表面电荷的规律性。实际上每种无机物和有机物，在与液体，尤其是蒸馏水接触时都带电。通常与蒸馏水接触的表面带负电荷，而与其他液体（如松节油）接触的表面经常带正电荷，某些液体（如醚或石油）不能产生表面电荷。Quinke 认为两相相互接触，界面上的电荷既不会突然产生，也不会凭空消失，只是进行了重新分布，因而边界上获得了大小相等但符号相反的相应电荷。这就是后来出现的双电层电荷体系——固体表面和液体之间产生电位差的初始观点。

1879 年，德国的 Helmholtz 提出了双电层理论，并将动电传递的电参数与流参数联系起来。Helmholtz 设想双电层由电荷数量相等而符号相反的两个电荷层组成，一层在固体上，另一层在溶液中，两层之间的距离 D 相当于一个分子的直径，双电层之间的电位随界面距离的增大而线性迅速降低。双电层中的两个电荷层不能越过固液界面彼此中和，这样的排列称为 Helmholtz 平板双电层结构，平板双电层之外的离子处于热扩散作用下的无序分布状态。1903 年，考虑到毛细管通道中的实际速率分布，Smoluchowski 扩展了 Helmholtz 的双电层理论。1909 年，Freundlich 发表了大量关于动电效应的综合实验结果，第一次使用动电学来描述此现象。

1910 年，Gouy 计算出了扩散层中的电荷分布。1913 年，Gouy 和的 Chapmann 考虑到热扩散作用和静电力的共同作用，对 Helmholtz 模型进行了修正，认为溶液中的反号离子与同号离子的密度依 Boltzmann 规律分布，服从 Possion-Boltzmann 关系式。他们在 1923 年用和 Debye-Huchel 理论类似的方法求出了固体表面的电荷分布，得到了 Gouy-Chapmann 扩散双电层模型。在 Gouy-Chapmann 扩散双电层模型中，电位随距离的增加而呈指数规律递减。

1924 年，Stern 考虑到离子本身体积的影响，认为双电层的内层是一层在固体表面紧密排列的反号离子层，在静电引力及范德华力的作用下固定在固体表面，称为斯特恩（Stern）层，相当于 Helmhotz 的紧密层，其电位是线性下降的；距离较远的地方相当于 Gouy-Chapmann 的扩散层，其电位呈指数规律下降。Stern 将 Helmholtz 和 Gouy-Chapmann 两种模型结合在一起，形成较为完善的斯特恩（Stern）双电层模型，这也是目前应用较多的双电层模型。按照斯特恩（Stern）双电层模型理论，紧密层以外的扩散层是可动的，双电层被扰动的程度取决于外力的大小。

继以上学者对双电层的研究之后，又有 Fitterman 等研究者对流动电位理论进行了很多探索，并且取得了很多成果。

1.3.2 流动电位现象理论研究

油田注水采油时，由于水和蒸汽以及 CO_2 等的注入，储油层中的流体压力进行了重新分配，这时就会产生流动电位。本书主要研究基于界面导电现象产生的流动电位。界面导电现象主要是由于在固体和液体的界面形成了双电层，在外加压力的作用下，流体流动带动电荷分离从而产生了界面导电现象，在这种条件下产生的电位被称为流动电位。

如图 1.2 所示[11]，溶液中的一些负离子（OH^-）在固体表面较强的静电作用下聚集为一层较致密的离子层，并相对静止地紧靠固体表面存在。随着向主体溶液方向距离延伸，该静电作用力逐渐减弱，于是在紧密层附近存在着可以在外力作用下（如压力、电场力等）发生移动的反离子层，即扩散层。一般可将紧密层与扩散层分界处称为滑动面。通常紧密层很薄（小于 1nm），而扩散层相对较厚（根据溶液的电性能及离子浓度的不同，扩散层的厚度在几纳米到几微米之间波动）。位于固液界面处的电位很难通过实验直接测定，而位于滑动面上的电位，即 Zeta 电位，可以通过一系列电动学的方法直接获得，进而定量地反映岩石孔隙的荷电状态。

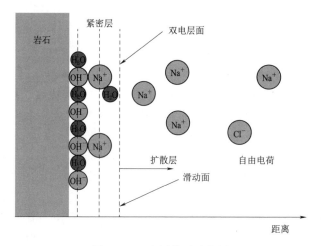

图 1.2 双电层模型示意图

在外加压力的作用下，在双电层平行于滑动面的方向上施以压力差，迫使液体通过固体孔隙产生定向流动，扩散层中的反离子会在该压力的驱动下发生定向移动，在固体表面孔隙的两端产生电势差，即形成流动电流。

流动电位的大小可以由 Fitterman[12] 公式计算出来，即

$$\Delta E_s = C \Delta P = \frac{\varepsilon \zeta}{\eta \sigma} P \tag{1.1}$$

式中：E_s 为流动电位，V；C 为流动电位系数；ΔP 为水的压力差，Pa；ε 为流体的介电常数，F/m；ζ 为中心电位（Zeta 电位），V；σ 为流体的电气传导度，S/m；η 为流体的黏性率（黏滞系数），Pa·s。

1.3.3　流动电位法应用进展

国内学者主要将流动电位作为膜动电现象的一个部分进行研究，目前在造纸、污水处理、材料化工等方面有较多应用。

蔺爱国等[13-14] 研究了改性聚四氟乙烯膜在油田含油污水处理中的动电现象，并阐述了膜分离技术在油田含油污水处理中的应用进展情况。叶楠[15] 研究了膜形态、膜污染和浓差极化对流动电位的影响，以及膜流动电位测试技术及其应用。王建等[16-17] 将流动电位和流量法结合起来在各种超滤膜和微孔膜的流动电位测定方面进行了研究，研究了多孔性聚丙烯腈管式 UF 膜和聚乙烯管式 MF 膜的特性，为膜动电研究做了大量工作。王建等[18] 还研究了采用降温法，用流动电位来研究晶体生长规律，以建立一种有效监控晶体生长过程的手段。莫剑雄等[19] 探讨了膜的流动电位相关理论及测量方法，通过测量膜的流动电位，可判断膜电荷的性质，结合膜的其他参数测定，可以算出膜微孔中界面双电层的电荷密度和膜孔内过剩电荷的浓度等数据。他们还利用膜的使用前后流动电位的变化来检测膜污染的情况。汪勇等[20] 也对荷正电膜进行了研究，将流动电位作为与电性能有关的参数对荷正电膜进行过表征。王薇等[21] 很多学者在利用流动电位法表征膜的表面动电特性方面做了大量研究。

朱孟府等[22] 以 KCl 溶液为测量介质，考察了电解质的组成、温度、pH 值及使用条件等因素对荷电微孔滤膜流动电位测量的影响，将测量的荷电微孔滤膜流动电位作为评价荷电微孔滤膜电性能和稳定性大小的手段。李昭成等[23]、房孝涛等[24] 等研究了基于流动电位法纸浆 Zeta 电位的检测方法，揭示了荷电膜的表面电导、膜体电导对膜表面 Zeta 电位的贡献，同时提出了 Zeta 电位可为造纸的调料、抄造等生产过程提供有效的监测和控制手段，从而获得较高的产品质量和良好的经济效益。罗海宁等[25] 研究了土柱在压应力作用下端面间发生的电位差，并将该电位差定义为流动电位差，但对应力引发电位差的认识还仅停留在定性研究上，其定量关系尚待进一步研究。汪锰等[26] 在 Zeta 电位测试技术研究方面做了很多工作。在油田开发中的流动电位现象也有很多学者进行了探讨，取得了一些探索性成果。

房文静等[27] 根据毛管电动—水动力学理论推导了流动电位的计算公式，研究了饱和水溶液及油水两相流的流动电位耦合系数与储层特性的关系，研究了电位法动态监测技术在油田储层监测中的应用。汪益等[28] 研究了油田开采时水油驱替过程中的电阻率变化，进行了模拟油田水淹过程的实验室驱替测量，得到了在不同矿化度注入水的情况下，电阻率增大系数和含水饱和度之间的变化特征。黄导武等[29] 通过研究海上油气田油气水层自然电位特征及机理，根据多地区油气水层的自然电位测井曲线特征，提出自然电位与含水饱和度的经验关系式。

杨春梅等[30] 明确提出油田二次开发时有流动电位产生，初步研究了流动电位产生的原因，认为流动电位的形成使老区新钻井的自然电位曲线发生畸变，也导致水淹层的电阻率升高，严重干扰已动用层的评价工作，同时也指出对流动电位的定量研究也是将来测井的一个新方向。金林等[31] 指出井下自然电位中还应包括地层流动电位，并指出井下流动电位与井内和地层间压力差有关。卜亚辉等[32] 尝试研究了电位法动态监测技术在油田储层监测中的应用。

在岩心实验研究方面，韩学辉等[33] 分析了岩心电性实验的内涵，介绍了油田条件下岩石电学性质的研究现状以及对岩心电性实验方法的冲击，结合目前对不同地层特性岩石的电学性质的认识，就复杂储层评价的岩心电性实验方法、岩心电性实验技术装备、岩心电性实验技术规范化、岩心数值实验方法等方面对岩心电性实验的研究方向进行展望。

综合国内的研究状况可以发现，在流动电位现象研究方面还处于探索阶段，主要停留在定性研究上，具体定量关系方面的讨论尚不成熟。

检索国外文献发现，国外流动电位法大多用于膜表面电性等方面的表征研究，小部分学者也对流动电位现象在其他领域的应用进行了讨论。

Kim 等[34] 在相同条件下利用电渗析法和流动电位法测定一系列商品化的 UF 膜和 MF 膜的带电性质。实验研究结果表明，电渗析法测定值一般大于流动电位测定值，当 pH 值小于 4 时，相互的差值更大。流动电位测定法与相同情形下的电渗析法相比较，表现出适用 pH 值范围较宽、更简单方便和较少受到其他现象干扰等优点。

Shon 等[35] 用流动电位法辅助评价 NTR7410UF 膜处理生物废水过程，对比研究了有预处理的过程 FeCl$_3$ 絮凝、粉末活性炭吸附、吸附后絮凝、粒状活性炭生物过滤，以及没有预处理的过程，研究可以看出预处理对膜污染的效果较明显。

Berezkin 等[36] 利用流动电位法和电子自旋共振法（electron spin resonance，ESR）来评价刻蚀膜（孔径 100nm）表面电性质。研究表明，流动电位法和膜电位法得到的结果相同。

Takagi 等[37] 考察了 NaCl 溶液中醋酸纤维膜 RO 的膜电位和 Zeta 电位。前者的绝对值比后者高两个数量级。从物理意义上看，虽然两者都和电荷密度相关，但是膜电位表现的是膜的体积密度，Zeta 电位表现的是膜的表面密度。孔隙率越小，膜孔半径就越小，电荷体积密度越大，膜电位就越高。而醋酸纤维膜的孔隙率非常小，所以膜电位比 Zeta 电位高。

Schaep 等[38] 利用滴定测膜的离子交换容量来检验膜的带电量，测定流动电位来考察膜的表面电荷密度、体电荷密度。研究认为三种评价方法对 NF7450 膜的结果一致，对于纳滤膜，膜电位法更好。

Pontié 等[39] 利用流动电位法表征了有机 UF 膜，并探讨了清洗处理过程的控制方法，考察了 pH 值、离子强度和孔径大小的影响，还测定了不同材料（聚醚砜、醋酸纤维素、三醋酸纤维素和聚砜）膜的等电点。认为膜的表面电荷依赖于 pH 值，而在等电点时电荷密度和流动电位均消失。研究认为，膜清洗过程控制可以借助流动电位测定来实现。

Peng 等[40] 研究了在水处理的过程中，水的化学性能以及膜的污染问题，并用模型进行了预测。研究结果表明，膜的生物污染受膜的性质和一价离子浓度影响很大。膜粗糙度和 Zeta 电位越高，一价离子浓度也越高，从而可以较好地控制膜污染。Luká 等[41] 先后研究了各种膜在不同条件下的流动电位，并提出了运用流动电位表征各种膜的表面性质。

在将流动电位现象和岩体内流体流动状态结合研究方面，Lorne 等[42] 利用矿化度为 200mg/L 的 KCl 溶液饱和砂岩岩心，并进行了室内流动电位实验，测出了该矿化度下的 Zeta 电位。Moore 等[43] 使用粗砂岩进行了室内岩心实验，初步研究了注入液浓度和电阻率变化的关系。Wurmstich 等[44] 研究了油井泵油过程中发生的自然电位变化现象，提出油井泵油可以引发产生流动电位现象。

日本物探领域的相关研究学者也对流动电位现象进行了较多的探讨。

铃木浩一[45-46] 在对地下天然气运移路径的研究中发现，地下流体在断层中的流动可以产生流动电位，从而引起自然电位异常。铃木浩一还对沉积岩进行了电阻率特性的室内岩心实验研究，并研究了孔隙水电阻率和表面电导现象对电阻率的影响情况。日本学者在岩石的电阻率变化的电法解析处理及岩层中流动电位现象等方面有很多讨论，但总体上研究也尚处于探索实验阶段，尚未成熟应用到实际工程中。

1.4 本章小结

综上所述，流动电位现象已经讨论了近 200 年，目前在造纸、污水处理、材料化工等行业对荷电膜流动电位进行了比较深入的应用研究，但是国内外利用流动电位在推测地下岩层中流体状态的应用方面研究较少，理论方面的研究也还处于深入探讨的过程中。地下流体中流动电位现象的研究仍然处于定性研究阶段，流体压力变化与流动电位现象之间的定量关系尚未深入研究。

流动电位法在油田开发中的应用研究交叉了地球物理测井技术、岩土工程实验技术、数据采集处理技术、石油开采技术、石油化学等众多学科领域的知识。综合文献检索结果可以看出，流体的流动电位法研究是一个前瞻性学科，也是一个和工程技术紧密结合的新兴基础学科。

在深部地层流体流态监测方面，流动电位法有着自身特有的优势，有着潜在应用前景，但对这方面的应用研究目前尚不成熟。本书基于地层条件下使用蒸馏水、盐水和油在岩心内部进行的流动电位测定的室内及野外实验研究，以及利用流动电位法监测地下流体状态的技术思路，在国内外都属于新的研究领域。

第 2 章

我国油藏开发中流动电位相关问题

截至 2023 年年底，我国石油剩余技术可采储量达到了 38.5 亿 t[47]，原油的稳产基本上依靠已经开发油田的控水稳油、综合治理等挖潜措施。

经过几十年的石油开发后，目前我国已开发老油田呈现如下特点：

（1）我国石油原油产量总体稳中有升，东部油田产量呈递减趋势。其中总产量的 79% 以上是由开采 20 年以上的老油田提供的。但以老油田为主的东部地区，产量年均递减 120 万 t。

（2）油田服役年限长，系统老化较为突出。已开发的 1159 个油田中，服役年限超过 20 年的油田有 186 个，其储量占总开发储量的 60%；可采储量损失增加，地面系统能耗高、效率低，采油综合费用高。

（3）原油采收率与国际平均采收率存在差异，仍有较大潜力。我国石油原油平均采收率为 25.5%（不包括大庆长垣，大庆长垣采收率为 33.6%），与目前国际平均采收率 35% 有一定差距，提高采收率仍有较大潜力。

2.1 我国储油层开采的特征

我国以陆相油藏众多而著称。截至 2023 年，我国已经投入开发的油田中陆相储集层占 91.2% 的储量。陆相油藏地质由于其形成过程的特殊性，决定了我国陆相油藏开采时必须采取与国外海相油藏不同的策略[48-50]。

（1）陆相油藏由于具有多层特征和砂泥岩薄层互层，所以整体上只能是边水层状油藏，很难形成一定规模的块状底水油藏。天然水驱能量弱是其重要的特征。这导致我国陆相油藏必须实施早期人工补充能量，大量实施注水注气驱油方式。

（2）陆相油藏的油层多，但是众多的油层和薄的隔层相互间隔，这是陆相储集层最根本的一个地质特征。有时数十层、上百层的砂岩与泥质岩间互成层，是陆相碎屑岩沉积普遍的现象。基于这一特征，必然导致层间的非均质性与相互干扰极为严重，因而在注水开发时必须实行分层开采的总策略，而且开采过程中需要时时注意合理调整采油层位。

（3）原油黏度较高是陆相油藏的普遍现象。因为陆相生油母质中腐殖质较多，生成的原油黏度较高。按油层条件下原油黏度统计，我国已经探明的石油储量中，原油黏度高于 5mPa·s 的占 65.8%。在注水开发时，高油水黏度比必然导致含水率上升较快，有相当一部分可采储量要在高含水期采出。如何有效注水，适当提高注采强度，延长稳产期和减缓递减，达到提高采收率的目的，是研究的重要课题。

（4）陆相油藏内各类断层都比较发育，几乎所有断层在注水开发中总是起遮挡作用，这又进一步加剧了陆相油藏的分割性，增加了开发的复杂性和难度。尤其是断层发育形成为很多复杂的断块油藏时，不同断块的油气水分布、流体性质和压力系统等一般都不相同。如何有效地调查在深地层油藏中的众多断层，以及断层发育的规模、走向等地质情况，也是影响采油效率的重要问题。

（5）我国陆相储油层的矿物成熟度和结构成熟度都很低，导致储集层孔隙结构复杂，发育了一批渗透率比较低的砂岩油田。据统计，渗透率低于 $50 \times 10^{-3} \mu m^2$ 的油田探明地质储量在 40 亿 t 左右，约占探明陆相油田地质储量的 1/5。截至 2023 年年底，我国探明未动用的储量有 38 亿 t，其中大部分为低渗透的储量，例如中国石油天然气集团有限公司累计探明未动用储量有 35 亿 t，其中低渗透储量占 62%，约 22 亿 t。而近年探明的储量中，低渗透储量所占比例高达 66%。由于储集层渗透率低，渗流阻力大，注水开发需要更大的工作量才能形成有效的驱动体系。如何及时调整注水条件，比较精确地掌握地下流体压力的分布情况，也需要大量的测井工作。

2.2 储油层非均质类型

研究我国油藏基本特征可知，陆相油藏非均质性严重。为了进一步认识我国陆相油藏储层的非均质性，根据我国油藏储层非均质性的沉积成因、规模、影响储层渗流特征的地质因素等方面的特征[51-58]，可以将我国油藏储层划分为以下六种类型。

1. 裂缝控制的非均质储层

裂缝从成因上可以分为构造缝和非构造缝，我国砂岩油藏的裂缝以构造缝为主。储层中若存在裂缝，则裂缝的封闭性和开启性以及裂缝延伸的方向、长度等对流体渗流的影响很大。裂缝的存在使得裂缝性砂岩油藏的平面各向异性严重，主要是由于裂缝的存在扩大了储油层的渗透率方向性，平行主裂缝走向的渗透率比其他方向仍保留基质属性的渗透率高出数十倍到上百倍。裂缝性砂岩油藏注水后，注入水很容易沿裂缝窜进，使注入水无法沿开发设计的路线行进，影响油藏开发的效率。裂缝的平面延伸长度无法从岩心上直接测量，从对露头区测量表明，多数裂缝延伸长度小于100m；注水开发后，有研究发现一些裂缝延伸长度可达几百米。因此，整体规划布设油井时，大裂缝的走向需要勘查清楚。但是油层一般都位于地下数千米以下，靠地表的勘查工作远远不能达到目的。

2. 断层控制的非均质储层

断层的存在对油区内大范围的流体渗流具有很大的影响。如果断层是封闭的，就隔断了断层两盘之间流体的渗流，起到遮挡作用，形成两个不连续非均质储层；如果断层是开启的，就是一个大型的渗流通道，形成一个连续的非均质储层。在油藏注水开发过程中，那些断距小、延伸短、与主断裂方向不一致的次级断层往往对渗流起着遮挡作用，控制着非均质储层及剩余油的分布。

3. 非渗透性层控制的非均质储层

非渗透性层既包括砂岩层内分布的小面积岩层或单砂层内的相对非渗透性夹层，也包括油层之间或者开发层系之间的大面积不渗透岩层。非渗透性层的形成受构造和沉积条件的控制，常由泥岩、粉砂岩、粉砂质泥岩、泥质和钙质粉砂岩组成。这些岩层不仅影响流体的垂向渗流，而且也影响流体的水平渗流，甚至有的在油藏注水开发过程中对流体具有隔绝能力。由于相对非渗透性层的存在，能够阻止或控制流体的流动，从而改变了整个地下渗流场的分布。这种分布状况对油水运动产生较大的影响。一个分布稳定的非渗透性层，可将油层上下分成两个独立的非均质储层；如果分布不稳定，则油层上下具有水动力联系，一般表现为重力作用下的注入水下窜。不稳定非渗透性层的存在控制着较大规模的流体渗流，这些层越多，其间油水运动也就越复杂，其形成的非均质局部储油层规模也相应较大。

4. 层理构造控制的非均质储层

层理是砂岩体内部最常见的沉积构造。在各种河道砂体中以交错层理最普遍，它们往往由较粗颗粒的纹层与掺杂有云母片的较细颗粒的纹层交替组成，纹层厚度仅有 0.1~1mm，却使得交错层的渗透率变化有明显的方向性。根据岩心样品的实际测定，垂直层理倾斜方向的渗透率比沿着层理纹层延长方向的渗透率低，所以斜层理砂岩沿着纹层延伸的不同方向注水，其波及状况和驱油效率是不同的。当沿平行层理纹层方向注水时，由较粗的砂粒组成的纹层注入水的推进较快，由较细砂粒及泥质等构成的纹层水洗很差，形成明显的指状水驱现象，驱油效率低；当沿着垂直层理面的方向注水时，由于较细粒纹层要比较粗粒纹层阻力大，当注入水进入较粗粒纹层足够多时，才能突破较细粒纹层阻力而进入下一个较粗粒的纹层，使得注入水前缘推进均匀，波及厚度和驱油效率才比较高。由此可见，层理构造及内部纹层方向性的差异可以导致其内部流体渗流特征的差异而形成不同的非均质储层。

5. 渗透率韵律性控制的非均质储层

渗透率韵律性是指砂层内渗透率高低按一定顺序变化的现象，这种渗透率的差异，将直接影响储层内部流体的渗流差异。垂向上不同的渗透率组合类型和内部非均质程度的差别，对储层渗流特征及油层水洗厚度具有不同的影响。按照渗透率的韵律性可以划分出不同的非均质储层。对于正韵律油层，下部颗粒粗、渗透率高，向上颗粒变细、渗透率变低，注入水先沿着下部高渗透层段推进，加之重力的影响，上层低渗透层段中注入水很难波及，全层中只能是部分厚度被水洗。对于反韵律油层，注入水则先沿着上层高渗透率层行进，由于重力作用，注入水逐渐向下部的低渗透率岩层渗流。

6. 孔隙结构控制的非均质储层

储层岩石的孔隙结构主要指岩石所具有的孔隙及喉道的几何形状、大小、分布以及连通状况，属于微观非均质性研究的范畴。孔隙是流体储存于岩石的基本储集空间，而喉道则是流体在岩石中渗流的重要通道。喉道的大小、分布及几何形状是影响储层渗流差异的主要因素。由于孔隙结构的差异导致渗流特征的差异，可以形成不同的非均质储层。

这些不同类型的非均质储层，虽然其形成原因各不相同，但均造成注水采油时常规测井方法的工作量加大，且经常导致解译误差增大甚至判读错误，给我国常规测井技术带来困惑，但是这些不均质储层的存在又为流动电位法的有效应用提供了物质基础。

2.3 油藏开发主要方法

油藏开发是个漫长的过程，开发过程中各种指标不断发生变化，不同的开发时期和不同的开采方法具有不同的特点。查阅相关资料可以总结出国内外石油开发技术大体上经历了以下三代。

（1）第一代。20 世纪 40 年代以前，主要是靠天然能量采油。对于油藏开发，人类只限于钻井，为石油提供开发通道，这可以说是第一代采油技术。由于油层埋藏深、石油黏度大、油藏蓄能低，所以一次采油的采收率很低，而且开发的年限很长。

（2）第二代。20 世纪 40 年代后，发展了注水（注气）采油方法。其特点是靠水和气来弥补采油的亏空体积，以恢复和保持油藏的能量，这就是第二代采油技术。这种方法主要是利用了水和气的势能作用，由于水源容易解决，井筒的水柱可以提供注水的压头，工程价格较低，所以注水采油成为国内外最盛行的采油方法。

（3）第三代。从 20 世纪 50 年代至今，针对不同特点的油藏情况，形成了各种提高采收率的新方法、新工艺，如聚合物驱油、碱水驱油、微生物驱油、热水驱、蒸汽驱、混相气驱、火烧油层等，统称为第三代采油技术。第三代采油技术开发方法主要是深入到油层微观孔隙内，引发各种化学、物理的复杂反应而产生驱油作用。

下面简要介绍目前我国油藏开发使用最多的注水采油和聚合物驱油技术的基本情况。

2.3.1 注水采油

在自然条件下油藏中的驱动能量主要有边底水压差、气顶压缩气压力、流体和岩石弹性力、溶解气膨胀、石油的重力、液相在多孔介质内表面差动能。油藏原油流动阻力主要有流体间与孔隙表面间的表面张力、流动黏度引起的水力阻力、流体通过油层多孔介质形成的剩余毛管压力和贾敏效应等。

对我国东部一些主力油田的研究表明，仅仅依靠天然能量，一般采收率都不可能超过 15%，所以陆相油藏要采取人工注水保持压力的开采方式，而且要求早期注水，使注水与采油同步。油藏注水开发的过程，就是建立经济有效的开发系统，充分利用油藏的驱油能力，最大限度地减小开采石油的流动阻力。近年来，一些低渗透油藏更发展为超前注水，即早在这些低渗透油藏投入开发之前就打注水井注水，改变油藏的能量平衡状况。

注水采油也是全世界应用最广泛的一种开发方法，一些产油大国注水开发的油藏产量占有很大比重，如俄罗斯约 92%、美国约 54%。我国绝大多数油藏为陆相沉积，油藏非均质性严重，天然能量不足，主要采用注水方式开采。我国是世界上注水开发油藏比例最高的国家之一，注水开发油藏的储量占总储量的 89% 以上。

在注水开发油藏的各个阶段及后期，要不断调整油水液流的方向，以改善开发效果，而地下油水流的渗流方向和压力的分布如何实时监测是注水开发中的一个复杂的课题。

2.3.2 聚合物驱油

聚合物驱油的主要机理就是在注入水中加入少量水溶性的聚合物，即能够大幅度地增加水相黏度和降低水相渗透率，改善油水的黏度比，减缓水驱过程中的指进和舌进现象。当聚合物溶液通过油层后，聚合物分子在岩石表面上吸附滞留，增加其残余阻力系数，可以减缓注入水沿老路走，改变流动的方向。这些作用都有利于扩大注入液的波及体积，提高驱油效率，有利于降低含水，提高采集率。

目前我国提高采集率技术主要采用的还是聚合物驱油技术，通过多年的研究攻关，先后在大庆、大港、胜利、河南等油田进行了先导性矿场实验和工业性实验，都取得了比较好的效果，可提高采收率 10％左右。到 20 世纪 90 年代后期开始大面积工业性推广，其中大庆油田聚合物驱油年产量已经占油区产油量的 17.7％，胜利油田聚合物驱油年产量已经占油区产油量的 9％，河南油田聚合物驱油年产量已经占油区产油量的 19％。我国大型油田大部分处于水驱开发与聚合物驱油开发并举的局面。

目前常用的聚合物是聚丙烯酰胺和生物聚合物等，而聚合物驱油实质上还是注入流体驱替石油，只是注入流体的成分相对复杂，就流动电位产生的基本原理角度来看，寻求监测聚合物流体在地层下的实时流态和注水驱油在技术上遇到的问题是基本相同的。

2.3.3 油藏开发方法小结

通过研究我国三代油藏开发方法的主要技术及其各自的驱油原理，可以发现，第二代的注水驱油和注气驱油，以及第三代的聚合物驱油、碱水驱油、微生物驱油、热水驱油等方法实质上都属于将各种注入液（流体）在压力作用下从油层（固体）中通过流体流动方式采油。

2.4 测井在油藏开发中的应用

油藏深埋在地下，一般从几百米到几千米不等，目前开发油藏的深度不超过 6000m，其平面上分布从几平方千米、几十平方千米到几百万平方千米。这样巨大的地质体，人们不可能将其覆盖的地表揭开进行直观观察，只能通过离散分布钻井的井点来取得岩样，而岩样只是其总体的千万分之一，所能直接接触到的样品与所研究的地质体来比较，少之又少。

当前监测油藏状态的主要方法有测井、数值模拟、油藏工程物质平衡、生产动态分析等[59]，其中测井是通过井筒采集地层信息最多、覆盖面最广、采样密度最大、最能比较准确地实时反映地层条件下各项参数的技术，是监测地下静态和动态状况的主要手段。通过地震、测井、测试等间接资料，加上综合分析和科学推断，就可以尽可能逼近真实的地下油藏景象。

一般常见测井技术主要有自然电位测井、激发极化电位测井、电阻率测井、复电阻率测井、介电常数测井、核磁共振测井、电磁波传播测井等[60]。由于电阻率测井费用低和探测深度较深，现阶段采用的测井系列以电阻率测井为主。但是至今为止还没有直接精确测量地层混合液电阻率的测井方法，在很大程度上影响了测井解释的精度。加上目前各油藏由于储层的非均质性、岩性的复杂性以及注入水的变化和水淹状况差别较大，油藏开发物探解译的难度越来越大，现有的均质测井理论和方法受到极大的挑战。仍然利用电阻率测井资料确定这类复杂油气层的分布情况精度较低，导致绝对误差较大。

2.5 本章小结

当前我国石油工业面临非均质储层油藏开发的严峻挑战，由于石油储量和产量增长缓慢，难以满足国民经济快速发展的需要，石油供求矛盾日益突出，至 2023 年年底，我国石油从海外的进口量已经超过了国内需求量的 70%。如何提高老油藏开发效率、降低采油单位费用是当前重要的研究课题。

大量老油藏复杂油气层的导电机理已经发生了变化，现有的电阻率测井解释方法不能准确了解这类复杂油气层的导电规律，尤其是当断层、裂缝、差异渗透性储层等多种因素存在于同一油气层时，一般的电阻率测井法已经不能进行有效的判断。因此，针对不同油藏的岩性条件和水淹程度，不断把新的测井方法引入测井系列中来，与其他的测井方法配合使用，形成完善的测井系列，是提高油藏开发测井技术水平的关键，对提高复杂油气层评价精度有着非常重要的现实意义。

我国陆相油藏非均质性储层分布广泛，油藏开发时地下流体的压力分布和渗流路径复杂，给采油测井工作带来很多困难，也导致总体采油效率不高，单位注采费用较高。

流动电位产生的基本原理是：在外加压力的作用下，迫使液体通过固体孔隙产生定向流动，在固体孔隙的两端即产生流动电位。也就是说，当采油时，不管什么注入液，只要是采用了将流体注入油层驱替石油的方式，都可能产生流动电位，也就都有可能使用流动电位法来进行流体流态的监测。

流动电位法具有迅速灵敏的特点，如果可以应用到注液开发的地下流态监测中，则有望对注入液压力的调整、注水方式的合理安排、高效经济布置注采井网、指导油井加密、选定低渗层段的压裂层位、调整层系划分、跟踪油藏开发效果以及对聚合物流体渗流状态的实时判断等方面起到有效帮助，从而达到较大提高采油效率、节约费用的目的。

第 3 章

油藏开发中的流动电位现象

在油藏勘探及油藏开发阶段,注采压力系统由于地质储油层的复杂结构构造,在断层裂隙、非均质性储油层和超高压注水等因素的控制下,注入流体在不同地质层段间的推进不均衡,储油层内部原来静态的压力系统变成了动态压力系统,层内、层间及平面上的压力系统紊乱,导致泥浆密度难以控制,形成了井筒与地层之间严重的流体渗流过程,而这些渗流过程将伴随产生流动电位。

3.1 储油层中流动电位现象理论研究

流动电位现象是由于外加压力引起流体中离子分布的不均匀而产生的。多孔介质中流动电位现象产生的根本原因在于注水开发过程中,固体与液体接触面上的双电层结构被扰动,压力的驱动使得孔隙系统中的离子分布变得不均匀。依据已知的双电层理论:电解质溶液流经多孔介质时,由于在岩石固液界面上的双电层结构被扰动,孔道中将产生流动电位。

由于组成油藏储油层孔壁的岩石矿物颗粒晶格的表面表现为过剩的离子键,它将吸引孔隙溶液中的异性离子附着于其表面,这种吸附离子的性质主要取决于岩石的组成成分。组成沉积岩的硅酸盐矿物吸附负离子,由于孔壁吸附了水溶液中的负离子,水溶液中就剩余正离子。孔壁吸附的负离子层又吸引附近溶液中的正离子形成正离子层,在异性离子的吸附作用和溶液热扩散作用共同控制下，孔隙中的正离子沿岩石孔壁的法线方向浓度呈不均匀分布，离孔壁越远，正离子浓度越低。

在外加压力作用下，孔隙中的流体发生运动，由于电荷及流体摩擦作用，在流体层中部流速最大，在孔壁处流速为零，因此存在一个相对固定液相与流动液相之间的分界面，称为滑移面。按照 Stern 双电层模型，滑移面以内是静电引力及范德华力作用下固定在固体表面的 Stern 层，实质上是一个位移界面，该界面上的电位为界面动电位[61]（Zeta 电位）。

Zeta 电位（ζ 电位）是产生在孔隙内部溶液的固定层与可动层之间的电位差，单位一般为 mV，ζ 电位的计算服从泊松公式，即

$$\zeta = \frac{4\pi\delta D}{\varepsilon} \tag{3.1}$$

式中：δ 为固体表面的电荷密度；D 为双电层厚度；ε 为流体的介电常数。

油藏开发过程中，孔隙中的流体在外加压力的作用下沿着位移界面的切向流动使双电层结构受到扰动，双电层中的正离子沿水流方向定向流动并形成电流，这种因流体流动而引发的电流就是流动电流，在孔隙两端产生的电位差就是流动电位 E_s。

流动电位的计算表达式为

$$\Delta E_s = C\Delta P = \frac{\varepsilon}{\mu}\Delta P R_f \zeta \tag{3.2}$$

式中：E_s 为流动电位，V；C 为流动电位系数；ΔP 为流体的压力差，Pa；ε 为流体的介电常数，F/m；ζ 为 Zeta 电位，V；μ 为流体的黏滞系数，Pa·s；R_f 为流体的电阻率，Ω·m。

双电层结构受外力作用扰动后，孔隙中离子的非均匀分布是流动电位产生的根本原因。从式（3.2）可以看出，流动电位 E_s 的大小不仅与固体表面和溶液的性质有关，而且主要取决于作用在孔隙系统上控制双电层扰动程度的外加压力。

图 3.1 表示的是储层岩石孔隙内流动电位产生的过程。如图 3.1（a）所示，岩石表面在和水接触的界面上形成双电层，假定固体孔隙左右两侧溶液浓度相等，且无流体压力存在。由于电中性原因，双电层的电化学显示的是平衡状态。岩石表面带负电荷，则固体表面附近的溶液中由于异性吸附存在正离子。当溶液在外加压力下自右向左流动时，固体表面的第一层阳离子，由于固体表面的负电荷吸引不能移动，而那些离固体表面稍远的离子（双电层的扩散层中的离子）运动自由度较高，流动性也高，于是和液体中的阳离子一起向流出侧移动，即固体孔隙中的正离子移向孔隙左端形成流动电流 I_s，导致注入侧的电性显示的是负电荷，流出侧显示的是正电荷，如图 3.1（b）所示。当注入压力增大时，

更多的阳离子向流出侧移动，此时固体孔隙下游由于正离子的积聚产生一个电势 E（E 即流动电位 E_s），产生了较强的流动电位，如图 3.1（c）所示。

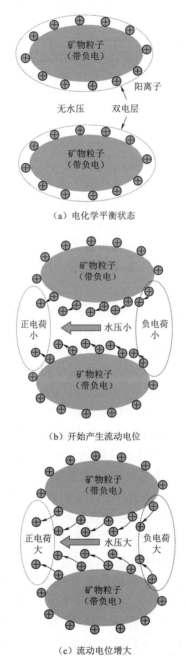

（a）电化学平衡状态

（b）开始产生流动电位

（c）流动电位增大

图 3.1　储层岩石孔隙内流动电位产生的过程

3.2 油藏开发过程中影响流动电位的因素

油藏注液开发的过程就是储油层流体在外力作用下在岩石孔道中渗流的过程，也是流动电位产生的过程。而注入液在储油层中的渗流过程将会遇到复杂的储层地质状况，伴随产生的流动电位也受到多种因素控制和影响。

3.2.1 储油层的地质结构

我国陆相油藏非均质性严重，地质结构复杂，不同原因形成的非均质储层在流体注入时产生的流动电位现象也不相同。

储层中若存在裂缝，则使砂岩油藏的平面各向异性严重，裂缝的封闭性和开启性以及裂缝延伸的方向、长度等对流体渗流的影响很大。由于裂缝的存在扩大了储油层渗透率的方向性，裂缝性砂岩油藏注水后，注入水很容易沿裂缝窜进，沿着注入水行进的路线将会有明显的流动电位产生，也就是说通过监测流动电位大小就可以指示控制性裂隙的规模、产状等地质要素，为地面注水采油工作提供有效帮助。

断层的存在对油区内大范围的流体渗流具有很大影响。在油藏注水开发过程中，主断层以及断距小、延伸短、与主断裂方向不一致的次级断层往往都对渗流起着遮挡改向的作用，控制着储层及剩余油的分布，也会改变注入水渗流的方向。主断层和次级断层中水流的渗流流量和速度等特征和均质岩层完全不同，将产生不同的流动电位现象。

相对非渗透性层能够阻止或控制流体的流动，从而改变了整个地下渗流场的分布。相对非渗透性层的存在，不仅可以影响流体的垂向渗流，而且也可以影响流体的水平渗流，甚至有的在油藏注水开发过程中对流体具有隔绝能力。这些层越多，其间油水运动就越复杂，伴随的流动电位现象也越复杂。通过研究流动电位产生的规律即可为探明复杂油水的运动提供指导。

岩层层理构造及内部纹层方向性的差异可能导致储层内部流体渗流的差异。而渗透率韵律性会导致差异渗透率，直接影响储层内部流体的差异渗流，差异渗流则产生不同的流动电位特征。

岩石的孔隙是流体储存于岩石的基本储集空间，喉道是流体在岩石中渗流的重要通道。孔隙和喉道的大小、分布和它们的几何形状是影响储层流体渗流差异的主要因素。储层岩石的孔隙结构中，不同的孔隙及喉道的几何形状、大小、分布和连通状况等将产生不同的流动电位现象，探讨不同孔隙率岩石对应的流动电位差异对研究岩层中流体流动电位特征具有特殊的意义，可以为将来流动电位法的实际应用提供基础指导。

不同的地质储层结构将伴随产生不同的流动电位现象，不同的流动电位现象指示不同的地质储层结构。通过监测注水采油过程中不同区域对应的流动电位变化的规律，可以有效地探明地下复杂的水油运动情况，对地面工作进行有效指导，提高注水采油作业的效率，降低单位采油费用。

3.2.2　注入压力和地层水压力

流体压力的大小决定产生流动电位的大小。油藏开发到一定阶段后，受储层地质结构的裂隙断层遮挡、注采井网对油层的控制程度、储层非均质性及注水强度等因素的影响，注入水在层间推进的速度产生差异，形成欠压层（注少采多）、常压层（注采平衡）、高压层（注多采少）、憋压层（只注不采）等多种压差状况。油藏中压力的分布极其复杂，不同层段间存在多套压力系统，不同的注入压力将影响地层水压力，不同的地层水压力也将产生不同的流动电位现象。

注入液推进速度的不均衡造成层内及平面上不同部位的压力不同。由于压力分布不均衡，就会伴随着压差作用下的流体流动以及因流体在多孔介质中流动而产生的流动电位。

一些油田的统计资料显示，开发区块中动用不均衡导致的欠压层、易漏层和高压层给油藏开发带来了严重影响，高压层对固井质量的影响每年占到 $40\%\sim50\%$，欠压层和易漏层占到 10.2% 左右[62]。

3.2.3　地层水的矿化度

流动电位产生的大小与岩层孔隙中地层水的矿化度有直接关系。注水开发的油藏中，由于淡水的注入，地层混合液的矿化度降低，地层水的电阻率 R_f 将变大，岩层的电阻率也相应变大。由式（3.2）可知，地层水的电阻率 R_f 增大将导致流动电位增大。不同储油层的地层水的矿化度不同，注入水的矿化度不同，注水方式不同，注水伴随产生的流动电位也不同。

另外，储油层中单相流和液-液、气-液两相或多相流动共存也会影响流动电位的大小[63-65]。相同条件下，实验表明毛细管中泡沫流的流动电位要大于单相流的流动电位。因此储层中多相流的存在将使得流体流动所产生的流动电位变高。

3.3　本章小结

根据流动电位理论可知，当多孔介质两端存在压差及流体流动时，孔壁界面的双电层结构被扰动，会产生流动电流，形成电位差。不同压力下，不同孔径及喉道处双电层被扰动的程度不同，产生的流动电位也不一样。

采油过程中，产生流动电位现象的根本原因是油藏注液开采中流体渗流压力系统的不均衡。我国油藏开发目前普遍采用注液驱油方式。从流动电位产生的基本原理可知，注液驱油方式决定了开发过程中会伴随流动电位的产生，这是压差作用下储层中流体流动所引起的岩石物理现象。

影响流体流动电位的相关因素主要有储油层的地质结构、注入压力和地层水压力、地层水的矿化度等。通过研究油藏开发过程中的不同地质储层对应的流动电位现象，可以为二次采油和三次采油开发过程中调整注入液的注入压力、布置注采井网、跟踪油藏开发效果等提供有益参考，同时也可以为水淹层段特殊的测井曲线的解译提供理论基础。

流体的流动电位现象为油藏开发的动态测试提供了一种思路，油藏开发过程中对流动电位的测定将成为今后动态测试的一种方法。目前流动电位现象的整体研究还处于定性阶段，对流动电位法的定量研究是今后测井实际应用前必须经过的环节。

第4章

流动电位室内实验系统设计

　　油藏开发过程中流动电位现象的存在已经有了理论上的认识,为了能够将流动电位现象利用起来为我国今后的油藏开发提供有益的帮助,本章在流动电位的定量研究系统设计方面展开讨论。

　　流动电位现象在室内地层条件下的岩心实验是定量研究中的重要基础工作。室内实验应和实际油藏开发时的工况条件相匹配,室内实验主要涉及的相关因素包括代表性岩心的选样、储油层地层水的矿化度、油藏开发时注入水的矿化度等,下面对我国实际油藏开发中的这些因素进行简要分析,结合相关影响因素和实验工况,进行流动电位室内实验系统的设计工作。

4.1 储油层岩性特征

　　储油层按岩性可划分为碎屑岩储层和非碎屑岩储层两大类。

　　碎屑岩是世界上油气田主要的储油层岩性,其地质储量约占总量的60%。我国陆相含油气盆地其油气储层以碎屑岩占绝对优势。我国中、新生代含油气盆地中现已投入开发的石油储量有90%以上储存于陆相碎屑岩中。

　　碎屑岩按其粒度可以分为砾岩、砂岩、粉砂岩和黏土岩。世界石油资源的30%储集在砂岩中。而在我国以陆相地层为主的沉积生油环境下,砂岩油藏占全部地质储量的92%左右。

我国不同沉积相储层的渗透率 K、孔隙度 ϕ、地下原油黏度 μ、原油密度 γ 有不小的差别，8 个油区 38 个主要油藏 125 个开发单元（其地质储量占投入开发油田总地质储量的 28%）的相关数据统计见表 4.1。

表 4.1　不同储层类型渗透率、孔隙度、地下原油黏度、原油密度统计

参数	河流相	湖底相	三角洲相	滩坝相	冲击扇相	扇三角洲相	非碎屑岩	平均值
$K/\times 10^{-3}\mu m^2$	1874	1456	1278	124	260	523	51	1055
$\phi/\%$	29.6	21.6	24.8	27.2	19.9	20.0	9.2	22.2
$\mu/(mPa \cdot s)$	50.3	6.3	9.6	4.0	7.3	4.0	7.0	21.9
$\gamma/(g/cm^3)$	0.895	0.861	0.884	0.860	0.868	0.861	0.855	0.877

由表 4.1 可以看出，我国油田平均渗透率为 $1055 \times 10^{-3}\mu m^2$，河流相最高（$1874 \times 10^{-3}\mu m^2$），非碎屑岩最低（$51 \times 10^{-3}\mu m^2$）；孔隙度平均值 22.2%，河流相最高（29.6%），非碎屑岩最低（9.2%）；地下原油黏度平均值 21.9mPa·s，河流相最高（50.3mPa·s），滩坝相和扇三角洲相最低（4.0mPa·s）；原油密度平均值 0.877g/cm³，河流相最高（0.895g/cm³），非碎屑岩最低（0.855g/cm³）

4.2　储油层地层水和注入水

4.2.1　储油层地层水的矿化度

我国陆相储油层地层水的性质变化较大，含有的盐类和离子类差别也较大。这主要受控于古湖盆水化学条件和古气候状况。

一般来说，对于潮湿气候下的淡水～半咸水地区，油层水总矿化度较低，如冀中盆地下第三系地层水的矿化度为 690～2610mg/L，松辽盆地白垩系油层水的矿化度为 3530～8469mg/L。干旱气候条件下的盐湖环境则总矿化度很高，如江汉盆地下第三系油层水的矿化度高达 329433～339689mg/L。同一盆地不同的层位，随水化学条件的演变，油层水的矿化度差别较大，如济阳凹陷下第三系地层水的矿化度为 60000～15000mg/L，上第三系地层水的矿化度则为 1500～20000mg/L。

高矿化度湖盆和深层油层，地层水以 $CaCl_2$ 型为主；而低矿化度湖盆和埋藏较浅的油层，地层水一般以 $NaHCO_3$ 型为主。

相关统计数据显示，我国大多数油藏原始地层水的矿化度在 1000～30000mg/L 之间。

4.2.2　储油层中注入水的矿化度

采油时，储油层中注入水基本上有淡水和高矿化度水（包括地层水、海水等）两类。

按注入水的矿化度可以分为三类：①总矿化度小于 1000mg/L 为淡水；②总矿化度在 1000～50000mg/L 之间为矿化水；③总矿化度大于 50000mg/L 为卤水。

我国陆地油藏注水开发，一般初始注入淡水的矿化度为 500～800mg/L，但是几经注入水和地层水混合回注，水淹后油层产出水的矿化度可以高于注入水的矿化度几倍到几十倍，最终注入液的矿化度和各个具体油藏地层水的矿化度有关。

我国海上钻井液通常利用海水配制，为了提高泥浆比重还加入大量的 KCl，泥浆矿化度往往大于 30000mg/L。

4.3　室内实验测试系统设计

综合考虑上述我国油藏相关因素的研究结果，本次流动电位室内实验的岩心采用砂岩岩样，注入水采用蒸馏水，饱和液采用矿化度为 20～32500mg/L 的盐水溶液，该矿化度区间基本覆盖了从淡水到饱和盐水的范围。

由于本次实验主要研究地层条件下向岩心注入不同矿化度的流体，以及研究在不同注入压力条件下，岩心内流动电位产生的情况。因此，为达到本次实验的目的，与实验配套的流动电位测试系统应该实现如下基本功能：

（1）可以提供模拟地层环境的高压，可以提供压力可调的围压及轴压。

（2）可以注入不同矿化度的流体，注入液的流量和流压可调。

（3）可以测定电阻率和流动电位，而且系统应该可以采集测试过程中的实时数据。

岩石流动电位室内基础实验测试系统示意图如图 4.1 所示。

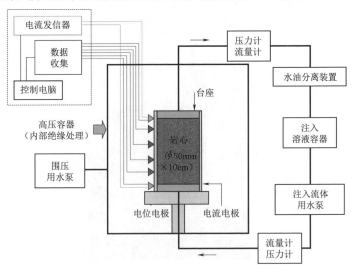

图 4.1　岩石流动电位室内基础实验测试系统示意图

4.4 室内实验测试系统组成

根据流动电位测试实验的目的及系统设计思路，本次流动电位室内实验系统制作完成后，主要由两部分组成。

（1）流动电位和电阻率测定用的高压容器及配套设备，主要有高压容器、高精密流体可调压泵、流体流量计、压力计、围压及轴压调节泵。

（2）岩石流动电位和电阻率数据采集测定部分，主要包括电流发信器、数据收集设备、控制电脑。

组成流动电位实验测试系统的主要设备及功能如下。

1. 高压容器

最大极限压为 20MPa，材料为特种钢；内部可以放置直径 50～100mm、高度 100mm 的岩心；为了防止岩样向外部漏电，容器内部用绝缘材料进行绝缘处理；岩石试样的上部与容器接触部分和地面托体部分使用绝缘塑料。压力容器内的轴压和围压由一台压力调节装置控制。

2. 调节水流的泵

注水流量 0.001～200mL/min，流量和流压的大小可以由控制台控制，控制器可调注入压力最大为 25MPa，0～25MPa 之间可以进行任意指定数值的调压。

3. 电流发信器

发信器通过电脑控制。岩心两端和侧面有 5 个电极，加上零电位，共 6 条电位线，加上注入压力和注入流量的测线，一共有 8 个通道测线。

流动电位室内测定装置如图 4.2 所示。

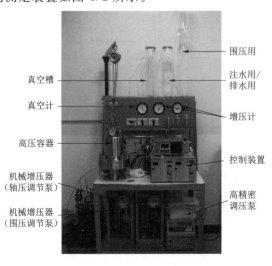

图 4.2　流动电位室内测定装置

4.5　本章小结

我国陆相含油气区域储油层以碎屑岩占绝对优势。我国中、新生代含油气盆地中现已投入开发的石油储量有 90% 以上储存于陆相碎屑岩中。世界石油资源的 30% 储集在砂岩中，我国砂岩油田占全部地质储量的 92% 左右。

我国陆相油藏油层水的性质变化较大，含有的盐类和离子类差别也较大。这主要受控于古湖盆水化学条件和古气候状况。据统计，我国大多数油藏原始地层水的矿化度在 $1000 \sim 30000 \text{mg/L}$ 之间。我国油藏注入水主要有淡水和高矿化度水（包括地层水、海水等）两类。一般开始注入水为淡水，油藏开发最终的注入液矿化度与原始注入液以及各个具体油藏的地层水的矿化度有关。

根据我国油藏的相关因素研究的结果，流动电位室内岩心实验采用砂岩岩心，注入液采用蒸馏水和矿化度为 $20 \sim 32500 \text{mg/L}$ 的盐水溶液。结合室内实验的目的和相关影响因素，设计了流动电位室内测试实验系统示意图。

根据流动电位测试实验的目的及系统设计思路，最终流动电位室内测试实验平台主要包括流动电位和电阻率测定用的高压容器和调压水泵，以及数据收集测定部分。

变注入压力流动电位室内实验

为了今后在油藏开发注液采油时可以对作业过程中地下流体的流态进行实际监测，进行了岩心注入压力和流动电位关系的室内基础研究实验。室内实验的主要目的是取得在油藏开发注液采油时可以对发生的流动电位进行有效评价的基础数据，实验时主要研究流体注入岩心的过程中注入条件和发生的流动电位的定量关系。

本阶段实验将使用储油层的砂岩岩心进行两类室内实验：

（1）观测向岩心注入不同矿化度流体，在注入压力变化的过程中发生的流动电位，同时研究流动电位与注入液矿化度及岩心电阻率变化的关系。

（2）观测在定注入压力条件下，从注入流体开始到岩心内部孔隙水被全部置换的过程中，电阻率和流动电位变化的情况。

5.1　实验前处理

5.1.1　实验岩心制备

流动电位室内实验采用的砂岩岩心样品分别来自某 B 油田的中砂岩和某 T 油田的粗砂岩，所有岩心的岩性特征为岩心胶结良好、泥质含量较低。

岩心按以下程序制备：

（1）首先将岩心切割打磨为直径 50mm、长度为 100mm 的圆柱体，两端与端面垂直。

（2）岩样洗油、洗盐，在恒温箱中烘干 24h，再在常温下真空干燥。

（3）在常温下测定岩心的相关参数。

室内实验中的中砂岩岩心基本参数见表 5.1。

表 5.1 　　　　　　　　　中砂岩岩心的基本参数

参数	中砂岩岩心 1	中砂岩岩心 2
直径/mm	49.93	50.02
高度/mm	99.94	99.96
饱和质量/g	449.09	448.75
干燥质量/g	416.22	415.72
湿密度/(g/cm³)	2.29	2.30
干密度/(g/cm³)	2.12	2.14
孔隙率/%	16.77	16.89
岩石电阻率/(Ω·m)	173.24	197.40

为对比研究其他孔隙率砂岩的流动电位现象，对某 T 油田的粗砂岩也进行了流动电位室内岩心实验。

表 5.2 为粗砂岩岩心的基本参数。

表 5.2 　　　　　　　　　粗砂岩岩心的基本参数

参　数	粗砂岩岩心 1	参　数	粗砂岩岩心 1
直径/mm	49.96	湿密度/(g/cm³)	2.02
高度/mm	99.91	干密度/(g/cm³)	1.68
干燥质量/g	329.49	孔隙率/%	34.00
饱和质量/g	396.08	岩石电阻率/(Ω·m)	364.21

为了将来在我国油藏开发中可以将实验结果进行有效应用，从微观结构上对比研究两种岩心。

对两种岩心进行切片并在显微镜下观察和拍照，可以了解中砂岩和粗砂岩在岩石微观结构上的差别。图 5.1 是中砂岩的显微镜下薄片结构照片，图 5.2 是粗砂岩的显微镜下薄片结构照片。

图 5.1　中砂岩的显微镜下薄片结构照片（放大 50 倍）

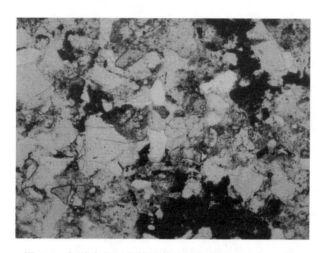

图 5.2　粗砂岩的显微镜下薄片结构照片（放大 50 倍）

从图 5.1 可以看出，粒度分布较均匀，矿物颗粒磨圆度较好，平均孔径大小匀称，在孔喉分布上以中度孔喉为主，岩石类型属于中砂岩。

从图 5.2 可以看出，粒度分布很不均匀，矿物颗粒磨圆度差，孔径分布大小不均，在孔喉分布上以粗孔喉为主，岩石类型属于粗砂岩。

5.1.2　电极制备及岩心防水处理

1. 加工圆盘状电位电极

用 2 枚直径 50mm 的铜网作为圆盘电位电极（C1、C2），夹在台座和岩样的中间，各个电极用长约 30cm 的单心线（断面 0.75mm^2）引出来。

2. 加工带状电位电极

制作 5 枚宽 3mm、长 16cm 的带状铜网，在岩心的侧面每间隔 16.6mm 间距平行粘一根，作为 P1～P5 电极。最下端的带状电极（P1）和岩心的底面间隔 16.6mm。各个带状铜网电极用强力黏剂在岩心的侧面以四点黏结固定（图 5.3）。各个带状电极也用长约 30cm 的单心线（断面 0.75mm²）引出来，各条电极线引出方向夹角大致为 60°。

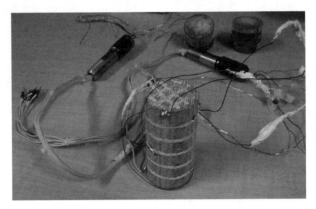

图 5.3　岩心电位电极的加工

3. 岩心整体防水处理

岩心放入上下台座中间，两端部的台座首先对齐上下的标志线。对齐以后，用刷子在岩心和台座的侧面刷上树脂胶体，每次 2mm 左右，待该次树脂涂层变硬以后，再刷第二次。往复操作，连续加工 7 天以后，树脂的厚度达到 10mm 时停止刷树脂胶体。岩心整体防水处理前后如图 5.4 所示。

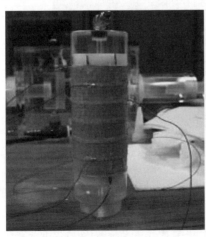

（a）处理前　　　　　　　　　　　（b）处理后

图 5.4　岩心整体防水处理前后

图 5.5 为岩心防水处理加工过程的照片，从左到右分别是初始岩心→加装电极线后的岩心→防水处理完毕的岩心。

图 5.5 岩心防水处理

5.1.3 岩心在设备中的安置

岩心处理完毕后，放入测定流动电位用的高压容器内，岩心上的 7 条电极线（C1、C2、P1～P5）用防水螺栓集中固定好（图 5.6）。

图 5.6 岩心放入高压容器

将 7 条电极线端子、2 条测定注入水流量和压力的测线端子分别连接到配线盘上。圆盘电极（C1、C2）和带状电极（P1、P2）（P2、P3）（P3、P4）（P4、P5）共计 5 通道，分别和计测装置的相应端子连接起来，如图 5.7 所示。

注水开始前，将初始电流、数据采集间隔等各种初始条件输入电脑中，并

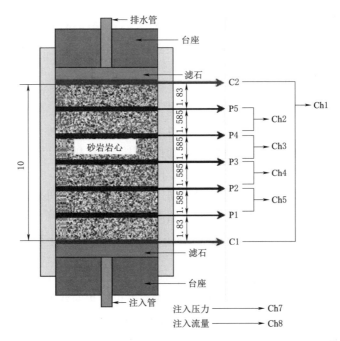

图 5.7 岩心电极测线配置示意图（单位：cm）

用控制软件设定数据采集启动条件。

5.2 中砂岩流动电位室内实验

5.2.1 实验工况设计

为了研究注入流体在岩心中渗流时注入压力对电阻率和流动电位的影响，首先进行注入压力和流动电位及电阻率关系的实验研究。

实验用的砂岩岩心是来自某 B 油田的中砂岩，在确定储油层条件时，由于岩心样品采集处地层深度为 1700m，该油田的平均压力梯度为 1.21MPa/100m，确定驱替实验中使用的模拟地层压力为 20MPa，此压力相当于岩心所处地层压力。

本次实验拟采取的实验工况是分别采用浓度为 20mg/L、200mg/L、2000mg/L、20000mg/L 的盐水溶液饱和岩心，每种矿化度溶液为一个实验阶段。每个阶段分两步：第一步采用和饱和岩样浓度一样的盐水注入岩心进行测试实验；第二步采用蒸馏水注入岩心实验。

将注入岩心的注入压力分别设定为 0kPa、200kPa、400kPa、600kPa、800kPa、1000kPa，进行分段压力上升实验，最后将注入压力回落到 0kPa。观察各个压力变化阶段对应流动电位发生变化的具体情况。

为模拟实际的储油层,室内实验还拟对岩心用稀油进行饱和,然后分别用蒸馏水和稀油两种注入液进行流动电位实验研究。

5.2.2 实验基本步骤

本次流动电位测定实验的具体步骤为:

(1) 岩石选样,切割打磨加工成设备要求的尺寸,洗油洗盐,烘干。

(2) 对岩样进行电极分极处理,并制作环状金属电极。

(3) 在电极上焊接数据线,制作岩心两端的圆形电极片。

(4) 把岩心和底、顶透水基座对位固定,进行防水固化处理。

(5) 岩心的前期处理完毕后,嵌入到高压容器中,并将高压容器密闭处理。

(6) 加模拟地层的围压,加适当轴压,每个阶段注入相应矿化度的盐水溶液,直到岩心完全饱和。

(7) 配制不同浓度的盐水溶液加入水泵,以不同的轴压顺序将盐水注入岩心。

(8) 采集实验过程中电阻率的变化和流动电位变化的数据。

(9) 分别使用浓度为 20mg/L、200mg/L、2000mg/L、20000mg/L 的盐水溶液,以及稀油作为实验流体,加上不同围压和轴压(0kPa、200kPa、400kPa、600kPa、800kPa、1000kPa),进行多工况组合流动电位测定实验,取得实验数据。

(10) 解析处理取得的流动电位和电阻率变化数据,分析其与注入条件的定量关系。

5.2.3 实验条件组合

本次实验制备了矿化度为 20mg/L、200mg/L、2000mg/L、20000mg/L 的 KCl 盐水溶液分别饱和岩心,采用和饱和岩心的溶液矿化度一致的注入液注入岩心,采集流动电位产生及随着不同注入压力变化的数据。

野外实际注水采油作业时,一般用矿化度小的注入水(淡水)驱替储油层中矿化度大的地层水混合液。为了研究储油层内注入不同矿化度溶液时流动电位的变化关系,实验时也使用蒸馏水进行注入岩心的驱替实验。

为了模拟实际的储油层,用 20000mg/L 的盐水饱和实验完成后,又对岩心用稀油(黏度 12.5Pa·s)进行饱和,然后分别用稀油和蒸馏水两种注入液进行流动电位的测定实验。

结合岩心取样的实际油藏的条件,将实验围压设定为 20MPa,模拟地层深度 1700m 的压力环境。实验中为了模拟地面出油井口,将实验的排水压力条件全部设置为大气压;注入压力为每隔一定的时间间隔阶段上升(0kPa、200kPa、400kPa、600kPa、800kPa、1000kPa),每阶段最后,注入压力回落到 0kPa。

采用 1 号中砂岩岩心进行 10 组实验，具体岩心实验条件见表 5.3，注入压力全部为 0～1000kPa 分段调节，排水压全部为大气压。

表 5.3　　　　　　　　　　　　中砂岩注水实验条件组合

实验阶段		一	三	五	七	九	二	四	六	八	十
矿化度 /(mg/L)	饱和溶液	20	200	2000	20000	油	20	200	2000	20000	油
	注入溶液	20	200	2000	20000	油	蒸馏水	蒸馏水	蒸馏水	蒸馏水	蒸馏水
电阻率 /(Ω·m)	饱和溶液	65.40	18.10	2.38	0.38	—	65.40	18.10	2.38	0.38	—
	注入溶液	65.40	18.10	2.38	0.38	—	1000	1000	1000	1000	1000
注入压力/kPa		0～1000	0～1000	0～1000	0～1000	0～1000	0～1000	0～1000	0～1000	0～1000	0～1000
围压/MPa		20	20	20	20	20	20	20	20	20	20
排水压/kPa		大气压	大气压	大气压	大气压	大气压	大气压	大气压	大气压	大气压	大气压
室内温度/℃		23.2	22.0	23.0	23.0	23.6	23.5	24.0	24.0	24.5	24.8

当每阶段实验结束后，为了将上阶段实验时使用的饱和溶液从岩心内置换出来，在围压不变的条件下，以较低的注入压力将下一阶段实验使用的盐溶液注入岩心内，每次溶液驱替置换需要花费 7 天时间。

5.2.4　实验结果

图 5.8～图 5.17 为不同实验条件下的流动电位实验结果。

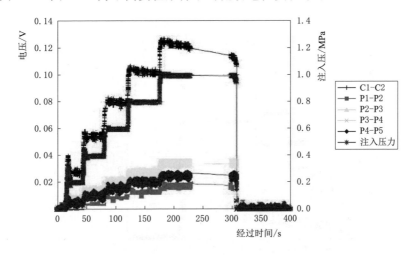

图 5.8　第一阶段流体流动电位实验结果（中砂岩）

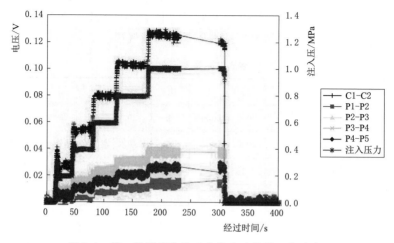

图 5.9 第二阶段流体流动电位实验结果（中砂岩）

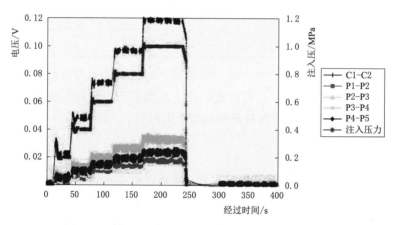

图 5.10 第三阶段流体流动电位实验结果（中砂岩）

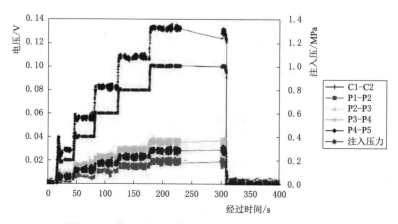

图 5.11 第四阶段流体流动电位实验结果（中砂岩）

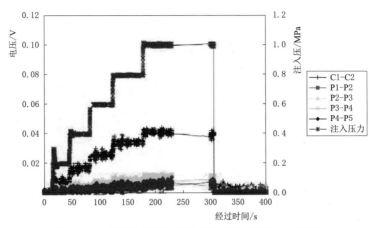

图 5.12　第五阶段流体流动电位实验结果（中砂岩）

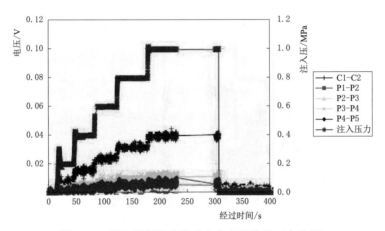

图 5.13　第六阶段流体流动电位实验结果（中砂岩）

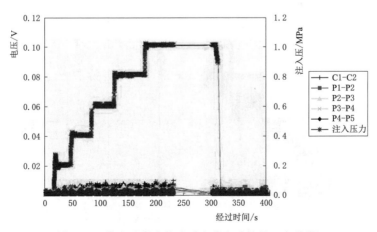

图 5.14　第七阶段流体流动电位实验结果（中砂岩）

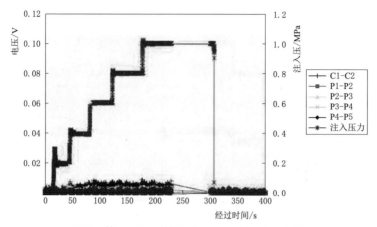

图 5.15　第八阶段流体流动电位实验结果（中砂岩）

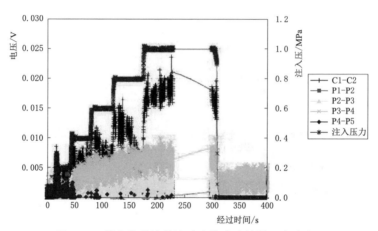

图 5.16　第九阶段流体流动电位实验结果（中砂岩）

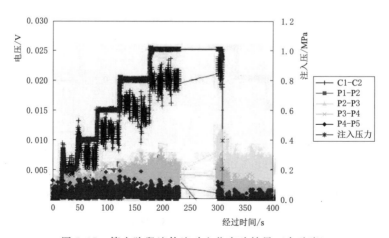

图 5.17　第十阶段流体流动电位实验结果（中砂岩）

第一阶段实验条件：先使用 20mg/L 的 KCl 盐溶液饱和岩心，再使用 20mg/L 的 KCl 盐溶液注入岩心，饱和溶液的电阻率为 65.4Ω·m。

第二阶段实验条件：先使用 20mg/L 的 KCl 盐溶液饱和岩心，再使用蒸馏水注入岩心，饱和溶液的电阻率为 65.4Ω·m。

第三阶段实验条件：先使用 200mg/L 的 KCl 盐溶液饱和岩心，再使用 200mg/L 的 KCl 盐溶液注入岩心，饱和溶液的电阻率为 18.1Ω·m。

第四阶段实验条件：先使用 200mg/L 的 KCl 盐溶液饱和岩心，再使用蒸馏水注入岩心，饱和溶液的电阻率为 18.1Ω·m。

第五阶段实验条件：先使用 2000mg/L 的 KCl 盐溶液饱和岩心，再使用 2000mg/L 的 KCl 盐溶液注入岩心，饱和溶液的电阻率为 2.38Ω·m。

第六阶段实验条件：先使用 2000mg/L 的 KCl 盐溶液饱和岩心，再使用蒸馏水注入岩心，饱和溶液的电阻率为 2.38Ω·m。

第七阶段实验条件：先使用 20000mg/L 的 KCl 盐溶液饱和岩心，再使用 20000mg/L 的 KCl 盐溶液注入岩心，饱和溶液的电阻率为 0.38Ω·m。

第八阶段实验条件：先使用 20000mg/L 的 KCl 盐溶液饱和岩心，再使用蒸馏水注入岩心，饱和溶液的电阻率为 0.38Ω·m。

第九阶段实验条件：先使用稀油饱和岩心，再使用稀油注入岩心。

第十阶段实验条件：先使用稀油饱和岩心，再使用蒸馏水注入岩心。

5.2.5 实验结果分析

表 5.4 是饱和溶液与注入溶液相同时的流动电位实验结果，表 5.5 是注入溶液为蒸馏水时的流动电位实验结果。

表 5.4 饱和溶液与注入溶液相同时的流动电位实验结果

实验阶段	一	三	五	七	九
饱和溶液矿化度/(mg/L)	20	200	2000	20000	油
注入溶液矿化度/(mg/L)	20	200	2000	20000	油
注入压力/kPa	流动电位/mV				
0	0.0	0.0	0.0	0.0	0.0
200	28.1	23.0	8.0	1.5	3.2
400	55.7	49.1	17.2	3.5	6.0
600	81.3	74.8	24.7	4.4	7.4
800	104.1	98.4	34.8	4.2	11.9
1000	124.4	120.2	41.4	4.4	18.1

表 5.5 注入溶液为蒸馏水时的流动电位实验结果

实验阶段	二	四	六	八	十
饱和溶液矿化度/(mg/L)	20	200	2000	20000	油
注入溶液	蒸馏水	蒸馏水	蒸馏水	蒸馏水	蒸馏水
注入压力/kPa	流动电位/mV				
0	0.0	0.0	0.0	0.0	0.0
200	28.3	28.8	7.9	1.4	4.7
400	55.9	56.7	16.0	3.9	7.2
600	81.3	83.6	24.2	5.2	11.4
800	104.7	109.4	32.2	5.3	15.2
1000	126.6	133.9	40.0	4.9	20.2

根据表 5.4 的实验结果，可以作出饱和溶液和注入溶液相同实验工况时注入压力和流动电位的关系图（图 5.18）。

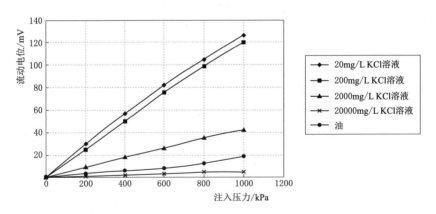

图 5.18 注入压力和流动电位的关系（饱和溶液和注入溶液相同）

根据表 5.5 的实验结果，也可以作出实验工况为蒸馏水注入时的注入压力和流动电位的关系图（图 5.19）。因表 5.4 和表 5.5 中的流动电位数据差别较小，图 5.18 和图 5.19 的关系曲线类似。

从图 5.18 和图 5.19 可以看出不同溶液浓度、注入压力和流动电位的线性关系，注入溶液的矿化度越低，即溶液电阻率越高，流动电位的变化就越明显。该实验结果的线性关系和 Jeffrey 等学者使用砂岩做的岩心室内实验结果的变化趋势基本吻合。

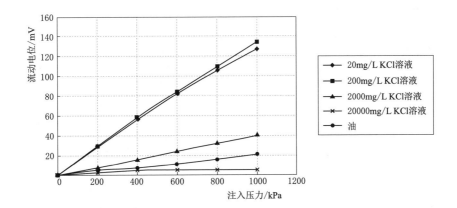

图 5.19　注入压力和流动电位的关系（蒸馏水注入）

注入压力和流动电位回归关系如图 5.20 所示。

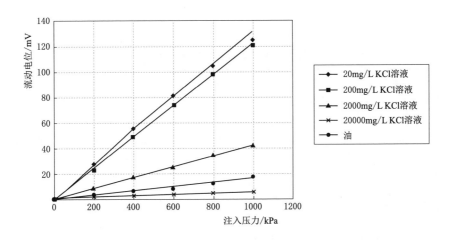

图 5.20　注入压力和流动电位回归关系（中砂岩）

由图 5.20 可以看出，不同矿化度溶液的注入压力和流动电位呈线性相关。同时从实验结果可以看出，饱和溶液矿化度比较小时，比如 KCl 溶液在 20mg/L 和 200mg/L 时，测定的数据在压力上升时流动电位值比回归式计算值偏小。这种偏小的倾向和 Lorne 利用 200mg/L 矿化度的 KCl 溶液饱和砂岩岩心的室内实验结果相一致。

根据式（3.2）可知，流动电位系数 C 可以根据压力差 ΔP 和测得的电位差 ΔE_s 的关系计算出来，计算结果见表 5.6 和表 5.7。

43

表 5.6　　　　　　　　　中砂岩流动电位系数计算结果

实验阶段	一	三	五	七	九
饱和溶液 KCl/(mg/L)	20	200	2000	20000	油
注入溶液 KCl/(mg/L)	20	200	2000	20000	油
注入压力/kPa	流动电位系数/(mV/100kPa)				
0	0.00	0.00	0.00	0.00	0.00
200	14.05	11.48	3.99	0.77	1.59
400	13.93	12.27	4.31	0.88	1.51
600	13.55	12.46	4.12	0.74	1.24
800	13.01	12.30	4.36	0.53	1.49
1000	12.44	12.02	4.14	0.44	1.81
平均	13.39	12.11	4.18	0.67	1.53

表 5.7　　　　　　　中砂岩流动电位系数计算结果（蒸馏水）

实验阶段	二	四	六	八	十
饱和溶液 KCl/(mg/L)	20	200	2000	20000	油
注入溶液	蒸馏水	蒸馏水	蒸馏水	蒸馏水	蒸馏水
注入压力/kPa	流动电位系数/(mV/100kPa)				
0	0.00	0.00	0.00	0.00	0.00
200	14.15	14.38	3.93	0.71	2.34
400	13.97	14.19	4.00	0.98	1.80
600	13.55	13.93	4.04	0.87	1.90
800	13.09	13.68	4.03	0.66	1.90
1000	12.66	13.39	4.00	0.49	2.02
平均	13.48	13.92	4.00	0.74	2.00

　　根据流动电位实验测试结果，可以算出中砂岩在不同矿化度条件下的流动电位回归系数，并给出流动电位的计算关系式，结果见表 5.8。

表 5.8 根据实验结果算出的中砂岩流动电位系数

KCl溶液矿化度 /(mg/L)	溶液的电阻率 /Ωm	流动电位系数 /(mV/100kPa)	流动电位关系式 $E_s = C\Delta P$
20	65.40	13.4	$E_s = 13.4\Delta P$
200	18.10	12.1	$E_s = 12.1\Delta P$
2000	2.38	4.2	$E_s = 4.2\Delta P$
20000	0.38	0.7	$E_s = 0.7\Delta P$
油	—	1.5	$E_s = 1.5\Delta P$

5.2.6 小结

分析上面 10 个阶段中砂岩注入实验的结果可以看出以下规律：

(1) 在使用 KCl 溶液的第一～八阶段岩心实验中，随注入压力的阶段性增大，流动电位也呈阶段性增大，可以看出两者具有良好的相关性。

(2) 当岩心溶液的电阻率较低时，流动电位也相应变得较低。

(3) 油饱和第九阶段和第十阶段岩心实验中，在相同注入压力条件下，可以看出流动电位的变化很明显，各个阶段流动电位的平均值和压力变化的相关性很明显。

(4) 注入溶液和饱和岩心溶液一样时的实验结果与使用蒸馏水注入时的实验结果相比较，差别不大。如第一阶段实验和第二阶段实验结果相似，第三阶段和第四阶段结果相似等。

(5) 从油饱和岩心的实验结果可以看出，用蒸馏水（第十阶段实验）比用油（第九阶段实验）注入时产生更大的流动电位。

理论上来说，在用油饱和的第九阶段实验和第十阶段实验中，如果岩心完全被油饱和，那么双电层扩散层中的阳离子和矿物表面的紧密层中的离子都基本上不存在了，压力变化伴随产生的流动电位应该非常微弱。但实际上在用油置换前面的盐水溶液时，由于双电层的存在，在孔隙内仍然可能存在少部分盐水溶液，油在残留的盐水溶液中渗流时随着压力变化产生了较大的流动电位。

事实上，在实际的油藏中总是有各种各样的地层水和油同时存在，全部都是油的储油层很少。所以，第九阶段实验和第十阶段实验的测试条件和实际油层开发的条件基本上一致。

5.3 粗砂岩流动电位室内实验

为对比研究其他孔隙率砂岩的流动电位现象，对某 T 油田的粗砂岩进行了流动电位室内实验。

5.3.1 实验条件

粗砂岩流动电位实验分别采用蒸馏水和矿化度为 200mg/L、2000mg/L、20000mg/L 的盐水溶液饱和岩心，每种矿化度溶液为一个实验阶段，每个阶段实验采用的注入溶液和饱和溶液浓度一致。

为了便于对比不同实验结果，在确定储层条件时，使用和中砂岩一样的模拟地层压力 20MPa。

将注入岩心的注入压力分别设定为 0kPa、300kPa、550kPa、800kPa、1050kPa 进行压力分段上升实验，最后将注入压力回落到 0kPa。观察各个阶段压力变化对应流动电位发生变化的具体情况。表 5.9 是粗砂岩流动电位注水实验条件。

表 5.9　　　　　　　　　　粗砂岩流动电位注水实验条件

实验阶段	一	二	三	四
饱和溶液/(mg/L)	蒸馏水	200	2000	20000
注入溶液/(mg/L)	蒸馏水	200	2000	20000
注入压力/kPa	0～1050	0～1050	0～1050	0～1050
围压/MPa	20	20	20	20
排水压	大气压	大气压	大气压	大气压
室内温度/℃	24.3	24.8	25.9	24.2

粗砂岩流动电位室内实验的具体步骤为：

（1）岩样加工成设备要求的尺寸，洗油洗盐，烘干。

（2）对岩样进行电极分极处理，并制作环状金属电极。

（3）在电极上焊接数据线，制作岩心两端的圆形电极片。

（4）对岩心进行防水固化处理。

（5）岩心的前期处理完毕后，嵌入到高压容器中，并将高压容器密闭处理。

（6）加模拟地层的围压，注入蒸馏水，直到岩心完全饱和。

（7）以阶段升高的轴压将蒸馏水压入岩心。

（8）采集实验过程中电阻率变化和流动电位变化的数据。

（9）分别使用浓度为 200mg/L、2000mg/L、20000mg/L 的盐水溶液作为实验注入流体，重复步骤（6）～（8）。

（10）解析处理取得的流动电位和电阻率变化的数据，分析其与注入条件的定量关系。

5.3.2　实验结果

图 5.21～图 5.26 是不同实验条件下的流动电位实验结果。

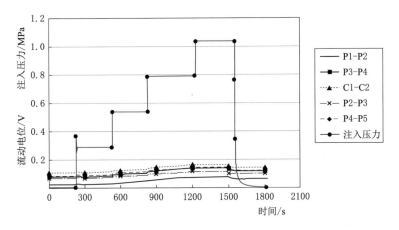

图 5.21　注入压力与流动电位变化关系（粗砂岩）（蒸馏水）

实验步骤：先使用蒸馏水饱和岩心，再使用蒸馏水注入岩心。

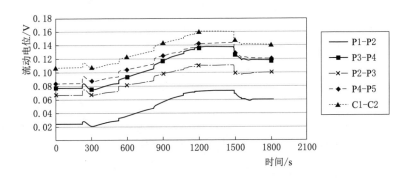

图 5.22　各电极对应的流动电位关系（粗砂岩）（蒸馏水）

实验步骤：先使用蒸馏水饱和岩心，再使用蒸馏水注入岩心。

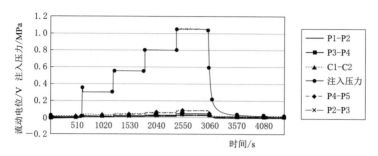

图 5.23　注入压力与流动电位变化关系（粗砂岩）（KCl，200mg/L）

实验步骤：先使用 200mg/L 的 KCl 溶液饱和岩心，再使用 200mg/L 的 KCl 溶液注入岩心。

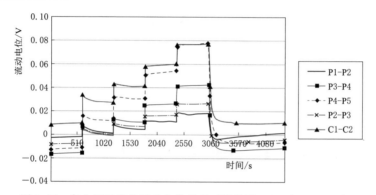

图 5.24　各电极对应的流动电位关系（粗砂岩）（KCl，200mg/L）

实验步骤：先使用 200mg/L 的 KCl 溶液饱和岩心，再使用 200mg/L 的 KCl 溶液注入岩心。

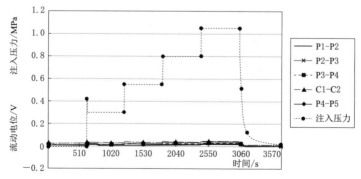

图 5.25　注入压力与流动电位变化关系（粗砂岩）（KCl，2000mg/L）

实验步骤：先使用 2000mg/L 的 KCl 溶液饱和岩心，再使用 2000mg/L 的 KCl 溶液注入岩心。

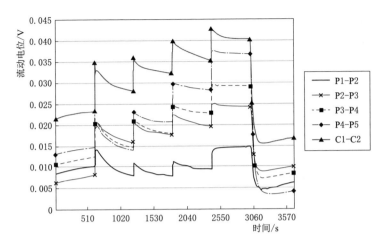

图 5.26　各电极对应的流动电位关系（粗砂岩）（KCl，2000mg/L）

实验步骤：先使用 2000mg/L 的 KCl 溶液饱和岩心，再使用 2000mg/L 的 KCl 溶液注入岩心。

分析上面粗砂岩注入实验的结果，可以看出：

（1）在使用粗砂岩进行的岩心实验中，随注入压力增大，电位差呈阶段性增大，同样可以看出两者具有良好的相关性。

（2）随着饱和岩心溶液的电阻率降低（矿化度增大），流动电位变化幅度也降低。

5.3.3　计算分析

表 5.10 是粗砂岩流动电位实验结果。

表 5.10　粗砂岩流动电位实验结果

实验编号	1	2	3
饱和溶液矿化度/(mg/L)	蒸馏水	200	2000
注入溶液矿化度/(mg/L)	蒸馏水	200	2000
注入压力/kPa	流动电位/mV		
0	0.0	0.0	0.0
300	110.7	28.2	22.8
550	126.2	41.5	33.3
800	149.6	58.8	37.1
1050	158.1	76.4	40.9

根据实验结果可以作出注入压力和流动电位的关系（图 5.27）。

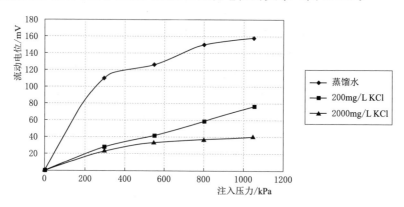

图 5.27　粗砂岩注入压力和流动电位关系

从图 5.27 可以看出，不同溶液浓度的注入压力和流动电位呈线性关系。同样可以看出，注入溶液的矿化度越低，溶液电阻率越高，流动电位的变化就越明显。当注入蒸馏水时，流动电位变化最大。

图 5.28 是各个不同的浓度条件下实验结果趋势线。

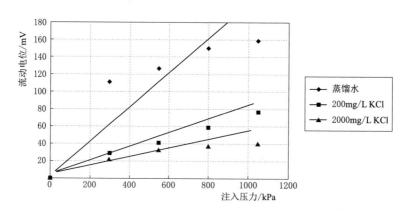

图 5.28　实验结果趋势线

根据流动电位实验数据，由流动电位计算式 $\Delta E_s = C \Delta P$ 可以计算出粗砂岩的流动电位系数 C，计算结果见表 5.11。

表 5.11　　　　　　　　　　粗砂岩流动电位系数计算结果

实验编号	1	2	3
饱和溶液 KCl/(mg/L)	蒸馏水	200	2000
注入溶液 KCl/(mg/L)	蒸馏水	200	2000

实验编号	1	2	3
注入压力/kPa	\multicolumn{3}{c}{C/(mV/100kPa)}		
0	0.0	0.0	0.0
300	36.9	9.4	7.6
550	23.0	7.5	6.1
800	18.7	7.4	4.6
1050	15.1	7.3	3.9
平均系数	23.4	7.9	5.5

表 5.12 给出了粗砂岩的室内实验流动电位系数 C，并给出流动电位的计算关系式。

表 5.12　　　　　　　　**粗砂岩的室内实验流动电位系数 C**

KCl 溶液矿化度 /(mg/L)	流动电位系数 /(mV/100kPa)	流动电位关系式 $E_s = C\Delta P$
蒸馏水	23.4	$E_s = 23.4\Delta P$
200	7.9	$E_s = 7.9\Delta P$
2000	5.5	$E_s = 5.5\Delta P$
20000	—	—

注　20000mg/L KCl 溶液的流动电位实验失败，无法给出实验结果。

5.4　实验结果对比分析

实验完成了中砂岩和粗砂岩在不同矿化度条件下压力上升过程中对应流动电位的测试，可以将中砂岩和粗砂岩流动电位室内实验的测试结果整合到同一张关系曲线中（图 5.29）来对比实验结果。

向砂岩岩心注水实验，在不同的注入压力和不同矿化度饱和溶液的条件下，对注入初期岩心中产生的流动电位进行测定。从中砂岩和粗砂岩两种岩心的注水初期流动电位室内实验结果可以看出：

（1）流动电位和注入压力成线性相关关系。在所有的岩心实验中，流动电位均随压力的增加而线性增大。

（2）同一种岩心，流动电位随着注入液矿化度的降低而增大。

（3）溶液电阻率较大时，流动电位系数也较大。

（4）当注入压力变为 0 时，流动电位同时变为 0。

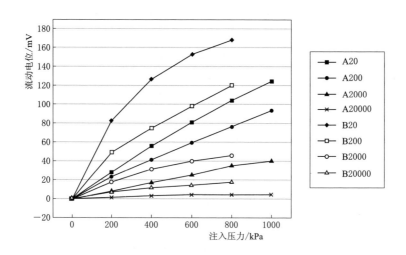

图 5.29　中砂岩和粗砂岩流动电位室内实验测试结果整合

A—中砂岩；B—粗砂岩

（5）在同样的矿化度条件下，不同种类岩心的流动电位系数关系较复杂。

从表 5.8 和表 5.12 可以看出，注入液矿化度为 200mg/L 时，中砂岩的流动电位系数为 12.1mV/100kPa，粗砂岩为 7.9mV/100kPa，中砂岩比粗砂岩的流动电位系数大；注入液矿化度为 2000mg/L 时，中砂岩的流动电位系数为 4.2mV/100kPa，粗砂岩为 5.5mV/100kPa，中砂岩比粗砂岩的流动电位系数小。

综合中砂岩和粗砂岩两种岩心的流动电位系数实验计算结果，在不同矿化度条件下的比较见表 5.13。

表 5.13　　　　　　　中砂岩和粗砂岩流动电位系数比较

溶液及矿化度 /(mg/L)	流动电位系数/(mV/100kPa)	
	中砂岩	粗砂岩
蒸馏水	—	23.4
KCl20	13.4	—
KCl200	12.1	7.9
KCl2000	4.2	5.5
KCl20000	0.7	—
油	1.5	—

5.5 本章小结

本章进行的所有岩心实验中，流动电位均随注入压力的增加而线性增大，流动电位和注入压力呈线性相关关系。同时，流动电位随注入液矿化度的降低（电阻率增大）而增大。对比中砂岩和粗砂岩实验结果可以看出，在中砂岩和粗砂岩中，流体注入时产生的流动电位现象都较明显。

由于使用较低矿化度注入水时，流体的流动电位变化值较大，可以认为将来我国实际油藏开发中，采用淡水注入时更容易监测和采集流动电位数据。

如果可以对我国不同油田区域不同孔隙率的砂岩进行大量的实验统计，对于某一固定油田区域，可以利用采集到的流动电位数据和室内实验计算的流动电位系数关系，较快地计算、推测出某一特定区域的压力分布情况，有效地指导地面调整注入压力、合理布置和加密注采井等工作。

第 6 章

定注入压力流动电位室内实验

6.1 实验条件

实际油田开发时，一般将矿化度较小的注入液（淡水）在某个定压下长时间注入高矿化度油层水存在的储油层内进行水驱油作业。本章实验中，将模拟注水采油的过程，首先使用不同矿化度的溶液饱和岩心，然后施加定压将蒸馏水注入岩心，研究从流体开始注入到岩心内部孔隙水被全部置换过程中，岩心电阻率的变化和流动电位发生的情况。

本次实验注入液全部采用蒸馏水，饱和岩心的溶液使用稀油（黏度 12.5Pa·s）和 1000mg/L（近似淡水）、6000mg/L（中等矿化水）、32500mg/L（高矿化度盐水）三种矿化度的 NaCl 溶液，注入压力最大为 5MPa，岩心采用中砂岩岩样，每次测试实验使用的注入压力是定值。

表 6.1 是中砂岩流动电位测试实验的具体条件。

本实验主要分为以下两类：

（1）先用盐水饱和岩心，然后注入蒸馏水。

1）实验未开始前，首先测定各个电位电极间的电阻率值，然后以较低的注入压力注入流体，置换岩心内的孔隙水，一般置换 48h，经测定完全被指定矿化度盐水饱和后，进行下一步操作。

表 6.1　　　　　　　　中砂岩流动电位测试实验的具体条件

实验编号	使用的饱和溶液 NaCl/(mg/L)	注入溶液	砂岩编号	围压/MPa	注入压力/MPa	轴压/MPa	压差/MPa
1	1000（第一阶段）	蒸馏水	No.1	2.0	0.50	0.32	0.18
2				5.0	1.20	0.22	0.98
3				5.0	2.20	0.22	1.98
4	6000（第二阶段）	蒸馏水	No.1	5.0	0.43	0.21	0.22
5				5.0	1.12	0.22	0.90
6				5.0	2.10	0.21	1.89
7	325000（第三阶段）	蒸馏水	No.1	5.0	0.35	0.21	0.14
8				5.0	0.94	0.21	0.73
9				5.0	2.04	0.21	1.83
10				10.0	4.94	0.23	4.71
11	油（第四阶段）	蒸馏水	No.2	5.0	0.53	0.21	0.32
12				5.0	1.01	0.21	0.80
13				5.0	2.24	0.22	2.02
14				10.0	5.23	0.21	5.02

2）将控制和采集数据用的 PC 按程序设置起动条件和参数，设置完毕后，开始测试。

3）将岩心围压逐渐增加到设计值，在注入压力不变的条件下将蒸馏水注入岩心内。

4）在蒸馏水驱替盐水的过程中，连续测定岩心电阻率和流动电位变化情况。

（2）先用油饱和岩心，然后注入蒸馏水。

该实验和实验（1）的方法相同，但是使用石油饱和岩心。当用油饱和完毕后，以同样的测定顺序将蒸馏水注入岩心，在置换油的过程中同样连续进行数据的采集。

6.2　实验测定结果

本次定注入压力流动电位实验将不同条件下的实验结果分四个阶段表示。

6.2.1　第一阶段

第一阶段流动电位测定实验的条件见表 6.1。

（1）第一阶段定注入压力实验步骤为：

1）使用 1000mg/L 的 NaCl 盐水溶液饱和 No.1 中砂岩岩心。

2）采用围压 2.0MPa、注入压差 0.18MPa 进行蒸馏水定注入压力注入岩心实验。实验时长 200min，实验结果如图 6.1～图 6.3 所示。

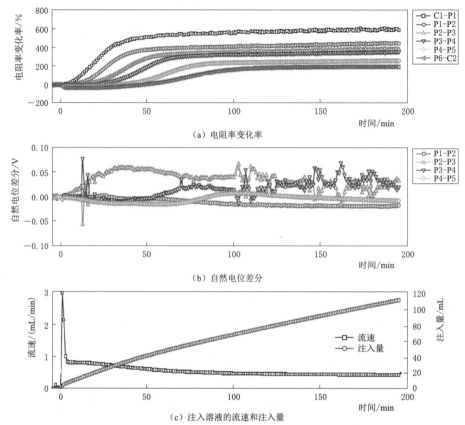

（a）电阻率变化率

（b）自然电位差分

（c）注入溶液的流速和注入量

图 6.1　电阻率变化率、自然电位差分、注入溶液的流速和注入量的时间变化关系
（实验 1：溶液矿化度 1000mg/L，压差 0.18MPa，围压 2.0MPa）

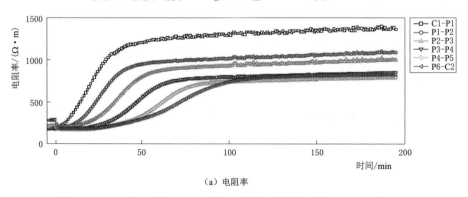

（a）电阻率

图 6.2（一）　各电极间的电阻率、电阻率平均变化率的时间变化关系
（实验 1：溶液矿化度 1000mg/L，注入压差 0.18MPa，围压 2.0MPa）

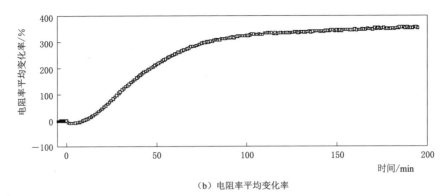

（b）电阻率平均变化率

图 6.2（二）　各电极间的电阻率、电阻率平均变化率的时间变化关系
（实验 1：溶液矿化度 1000mg/L，注入压差 0.18MPa，围压 2.0MPa）

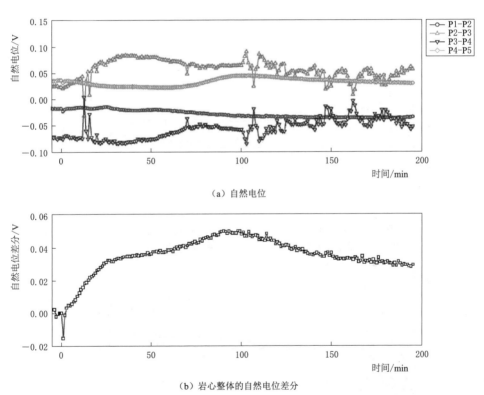

（a）自然电位

（b）岩心整体的自然电位差分

图 6.3　各电极间的自然电位、岩心整体的自然电位差分的时间变化关系
（实验 1：溶液矿化度 1000mg/L，注入压差 0.18MPa，围压 2.0MPa）

3）使用 1000mg/L 的 NaCl 盐水溶液饱和岩心。

4）采用围压 5.0MPa、注入压差 0.98MPa 进行蒸馏水定注入压力注入岩心
实验。实验时长 140min，实验结果如图 6.4～图 6.6 所示。

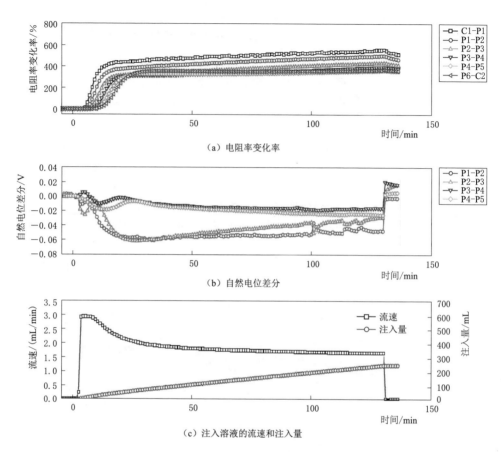

图 6.4　电阻率变化率、自然电位差分、注入溶液的流速和注入量的时间变化关系
（实验 2：溶液矿化度 1000mg/L，注入压差 0.98MPa，围压 5.0MPa）

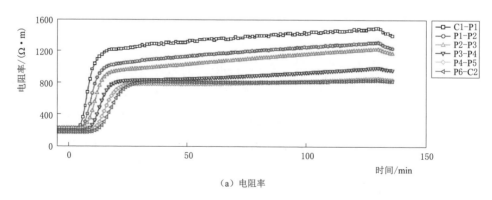

（a）电阻率

图 6.5（一）　各电极间的电阻率、电阻率平均变化率的时间变化关系
（实验 2：溶液矿化度 1000mg/L，注入压差 0.98MPa，围压 5.0MPa）

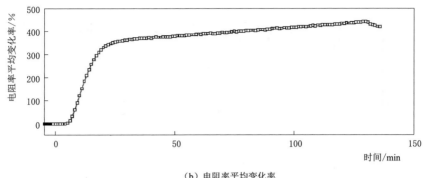

（b）电阻率平均变化率

图 6.5（二） 各电极间的电阻率、电阻率平均变化率的时间变化关系
（实验 2：溶液矿化度 1000mg/L，注入压差 0.98MPa，围压 5.0MPa）

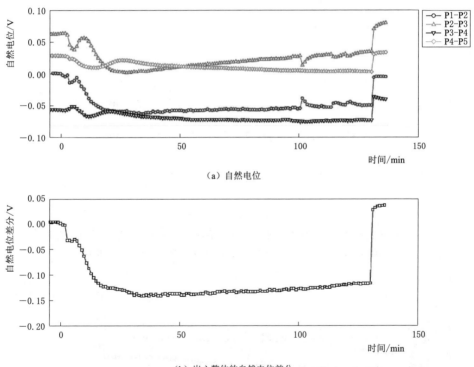

（a）自然电位

（b）岩心整体的自然电位差分

图 6.6 各电极间的自然电位、岩心整体的自然电位差分的时间变化关系
（实验 2：溶液矿化度 1000mg/L，注入压差 0.98MPa，围压 5.0MPa）

5）使用 1000mg/L 的 NaCl 盐水溶液饱和岩心。

6）采用围压 5.0MPa、注入压差 1.98MPa 进行蒸馏水定注入压力注入岩心实验。实验时长 180min，实验结果如图 6.7～图 6.9 所示。

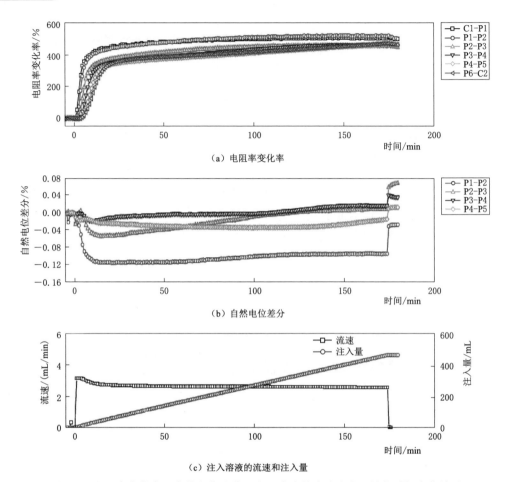

（a）电阻率变化率

（b）自然电位差分

（c）注入溶液的流速和注入量

图 6.7　电阻率变化率、自然电位差分、注入溶液的流速和注入量的时间变化关系
（实验 3：溶液矿化度 1000mg/L，注入压差 1.98MPa，围压 5.0MPa）

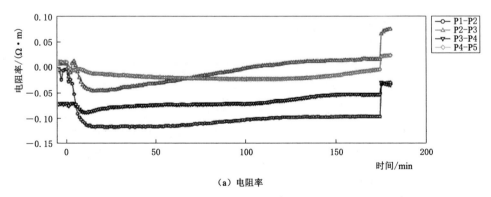

（a）电阻率

图 6.8（一）　各电极间的电阻率、电阻率平均变化率的时间变化关系
（实验 3：溶液矿化度 1000mg/L，注入压差 1.98MPa，围压 5.0MPa）

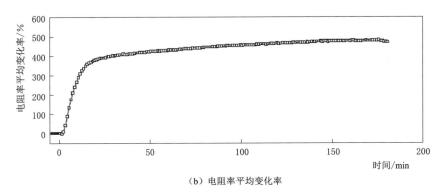

（b）电阻率平均变化率

图 6.8（二） 各电极间的电阻率、电阻率平均变化率的时间变化关系
（实验 3：溶液矿化度 1000mg/L，注入压差 1.98MPa，围压 5.0MPa）

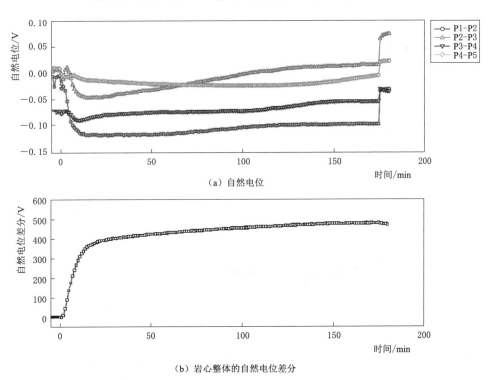

图 6.9 各电极间的自然电位、自然电位差分、岩心整体的自然电位差分的时间变化关系
（实验 3：溶液矿化度 1000mg/L，注入压差 1.98MPa，围压 5.0MPa）

（2）1000mg/LNaCl 盐水溶液饱和岩心的定注入压力实验小结。

岩心电阻率变化率测定结果显示，靠近注入口的电极间的电阻率变化最快，随着与注入口距离的加大，电阻率的变化逐渐变慢。这种现象和实际油田开发时注入水从注入井注入到采油井出油的驱替过程相一致。

综合实验测试的结果数据，可以作出饱和岩心溶液为矿化度 1000mg/L NaCl 盐水时，不同压差条件下的注入实验的结果曲线。图 6.10 是蒸馏水注入岩心实验过程中在不同压差条件下岩心整体电阻率变化曲线，图 6.11 是不同压差条件下岩心整体流动电位（即自然电位差分）随时间变化曲线。

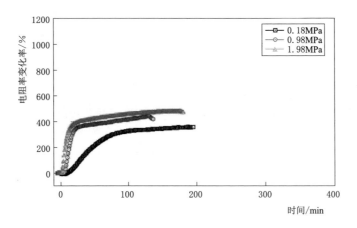

图 6.10　电阻率变化曲线（矿化度为 1000mg/L 的 NaCl 溶液）

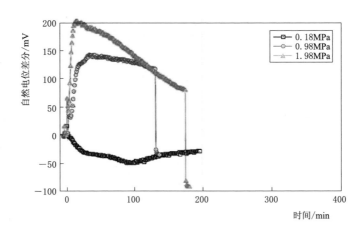

图 6.11　流动电位曲线（矿化度为 1000mg/L 的 NaCl 溶液）

从饱和溶液为 1000mg/L 矿化度的 NaCl 盐水实验结果可以看出，同一种矿化度饱和溶液条件下，注入压力越大，电阻率变化就越大，自然电位差分就越大，也就是流动电位变化越大。在电阻率变化速度最快的时候，产生的流动电位也最大。但是随着电阻率变化率的缓慢升高，流动电位却逐渐下降。

从图 6.11 可以看出，在注入压为 0.18MPa 时，产生了负的流动电位。

6.2.2 第二阶段

第二阶段流动电位测定实验的条件见表 6.1。

（1）结合实验条件，第二阶段定注入压力实验步骤为：

1）使用 6000mg/L 的 NaCl 盐水溶液饱和 No.1 中砂岩岩心。

2）采用围压 5.0MPa、注入压差 0.22MPa 进行蒸馏水定注入压力注入岩心实验。实验时长 310min，实验结果如图 6.12～图 6.14 所示。

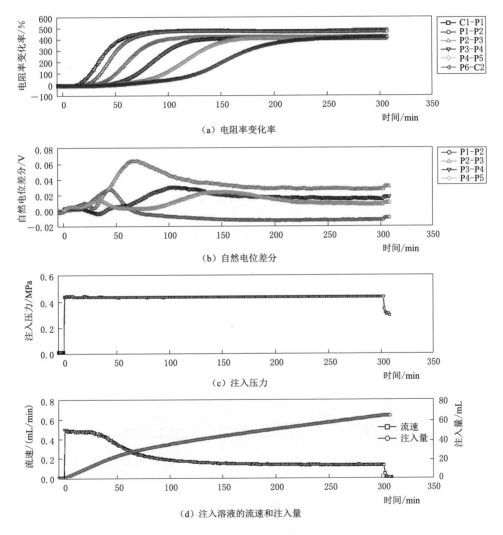

（a）电阻率变化率

（b）自然电位差分

（c）注入压力

（d）注入溶液的流速和注入量

图 6.12　电阻率变化率、自然电位差分、注入压力、注入溶液的流速和
注入量的时间变化关系

（实验 4：溶液矿化度 6000mg/L，注入压差 0.22MPa，围压 5.0MPa）

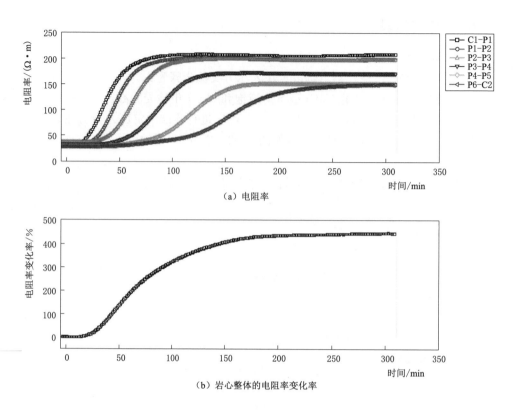

（a）电阻率

（b）岩心整体的电阻率变化率

图 6.13　各电极间的电阻率、岩心整体的电阻率变化率的时间变化关系
（实验 4：溶液矿化度 6000mg/L，注入压差 0.22MPa，围压 5.0MPa）

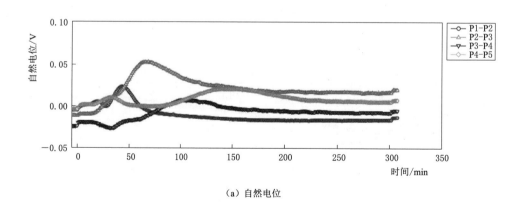

（a）自然电位

图 6.14（一）　各电极间的自然电位、岩心整体的自然电位差分的时间变化关系
（实验 4：溶液矿化度 6000mg/L，注入压差 0.22MPa，围压 5.0MPa）

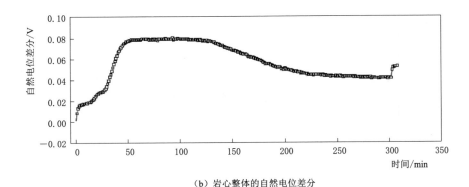

（b）岩心整体的自然电位差分

图 6.14（二） 各电极间的自然电位、岩心整体的自然电位差分的时间变化关系

（实验 4：溶液矿化度 6000mg/L，注入压差 0.22MPa，围压 5.0MPa）

3）使用 6000mg/L 的 NaCl 盐水溶液饱和岩心。

4）采用围压 5.0MPa、注入压差 0.90MPa 进行蒸馏水定注入压力注入岩心实验。实验时长 320min，实验结果如图 6.15～图 6.17 所示。

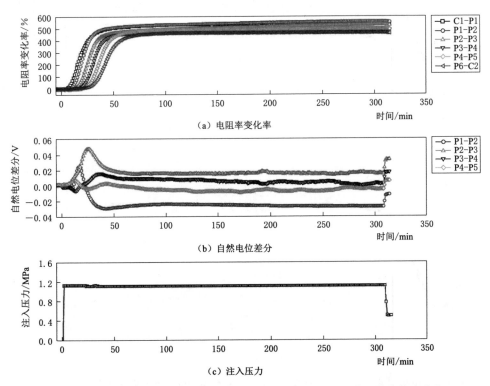

（a）电阻率变化率

（b）自然电位差分

（c）注入压力

图 6.15（一） 电阻率变化率、自然电位差分、注入压力、注入溶液的流速和
注入量的时间变化关系

（实验 5：溶液矿化度 6000mg/L，注入压差 0.90MPa，围压 5.0MPa）

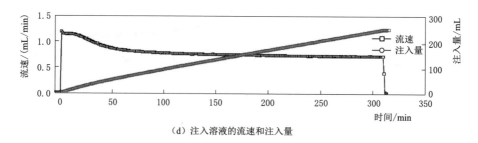

（d）注入溶液的流速和注入量

图 6.15（二）　电阻率变化率、自然电位差分、注入压力、注入溶液的流速和
注入量的时间变化关系

（实验 5：溶液矿化度 6000mg/L，注入压差 0.90MPa，围压 5.0MPa）

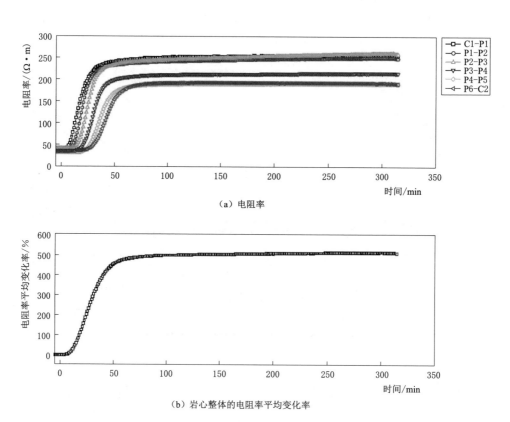

（a）电阻率

（b）岩心整体的电阻率平均变化率

图 6.16　各电极间的电阻率、电阻率变化率、岩心整体的电阻率平均变化率的时间变化关系

（实验 5：溶液矿化度 6000mg/L，注入压差 0.90MPa，围压 5.0MPa）

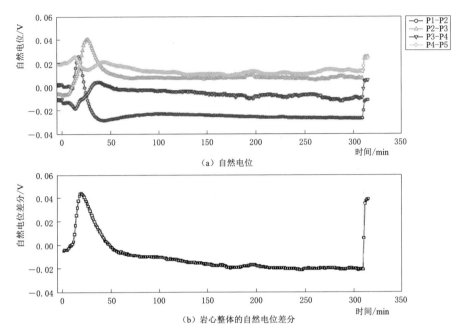

图 6.17　各电极间的自然电位、岩心整体的自然电位差分的时间变化关系
（实验 5：溶液矿化度 6000mg/L，注入压差 0.90MPa，围压 5.0MPa）

5）使用 6000mg/L 的 NaCl 盐水溶液饱和岩心。

6）采用围压 5.0MPa、注入压差 1.89MPa 进行蒸馏水定注入压力注入岩心实验。实验时长 250min，实验结果如图 6.18～图 6.20 所示。

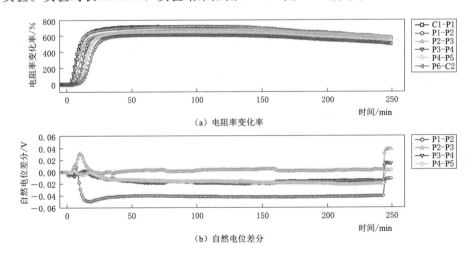

图 6.18（一）　电阻率变化率、自然电位差分、注入压力、注入溶液的流速和
注入量的时间变化关系
（实验 6：溶液矿化度 6000mg/L，注入压差 1.89MPa，围压 5.0MPa）

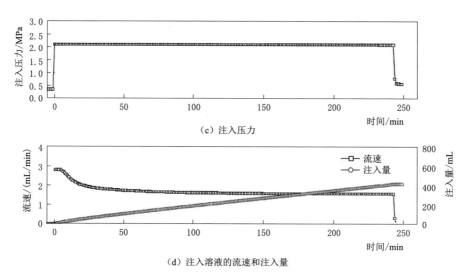

（c）注入压力

（d）注入溶液的流速和注入量

图 6.18（二） 电阻率变化率、自然电位差分、注入压力、注入溶液的流速和
注入量的时间变化关系

（实验 6：溶液矿化度 6000mg/L，注入压差 1.89MPa，围压 5.0MPa）

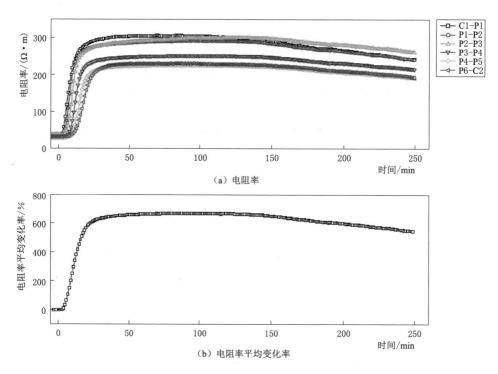

（a）电阻率

（b）电阻率平均变化率

图 6.19 各电极间的电阻率、电阻率平均变化率的时间变化关系
（实验 6：溶液矿化度 6000mg/L，注入压差 1.89MPa，围压 5.0MPa）

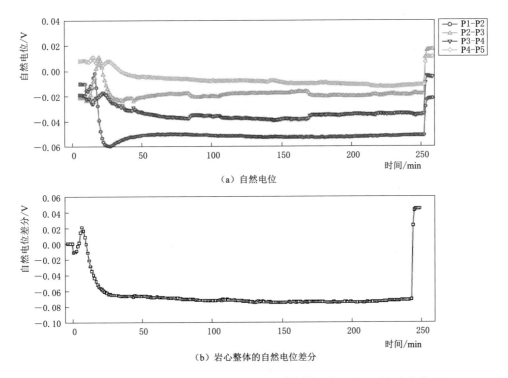

图 6.20　各电极间的自然电位、岩心整体的自然电位差分的时间变化关系
（实验 6：溶液矿化度 6000mg/L，压差 1.89MPa，围压 5.0MPa）

（2）6000mg/LNaCl 盐水溶液饱和岩心的定注入压力实验小结。

综合实验测试数据，可以作出饱和岩心溶液为 6000mg/L 矿化度的 NaCl 盐水时不同压差条件下的注入实验结果曲线。

图 6.21 是蒸馏水注入岩心实验过程中在不同压差条件下岩心整体电阻率变化曲线，图 6.22 是不同压差条件下岩心整体流动电位（即自然电位差分）随时间变化曲线。

从饱和溶液矿化度为 6000mg/L 的 NaCl 溶液实验结果可以看到，同一种矿化度饱和溶液条件下，注入压力越大，电阻率变化越大，自然电位差分也越大，也就是流动电位变化越大。随着蒸馏水的注入，电阻率快速增加到某一峰值后，变化率减慢，最后稳定于某一定值附近。

在注入压力为 0.22MPa 时，产生了一个负的流动电位，这个负的流动电位应该是电极分极造成的。

6.2.3　第三阶段

第三阶段流动电位测定实验的条件见表 6.1。

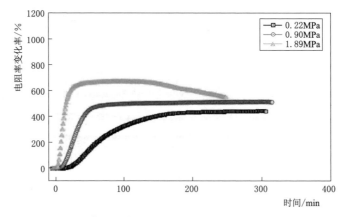

图 6.21 电阻率变化曲线（矿化度为 6000mg/L 的 NaCl 溶液）

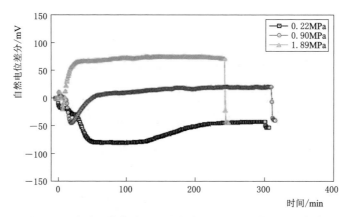

图 6.22 流动电位曲线（矿化度为 6000mg/L 的 NaCl 溶液）

（1）第三阶段定注入压力实验步骤为：

1）使用 325000mg/L 的 NaCl 盐水溶液饱和 No.1 中砂岩岩心。

2）采用围压 5.0MPa、注入压差 0.14MPa 进行蒸馏水定注入压力注入岩心实验。实验时长 720min，实验结果如图 6.23～图 6.25 所示。

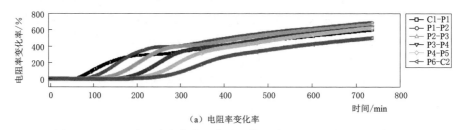

（a）电阻率变化率

图 6.23（一） 电阻率变化率、自然电位差分、注入压力、注入溶液的流速和注入量的时间变化关系

（实验 7：溶液矿化度 32500mg/L，注入压差 0.14MPa，围压 5.0MPa）

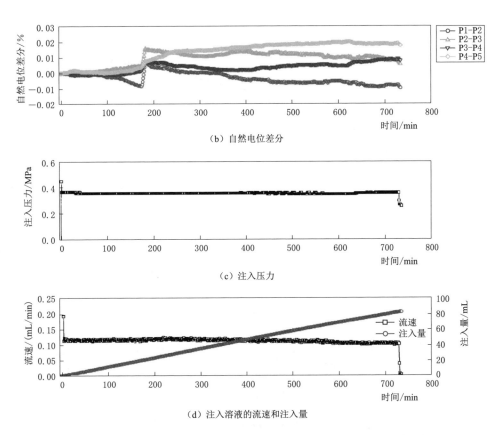

（b）自然电位差分

（c）注入压力

（d）注入溶液的流速和注入量

图 6.23（二） 电阻率变化率、自然电位差分、注入压力、注入溶液的
流速和注入量的时间变化关系

（实验 7：溶液矿化度 32500mg/L，注入压差 0.14MPa，围压 5.0MPa）

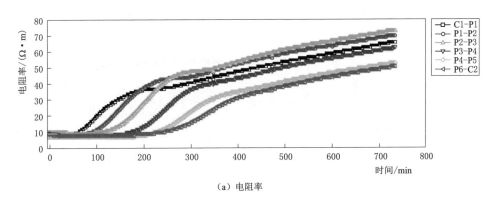

（a）电阻率

图 6.24（一） 各电极间的电阻率、电阻率平均变化率的时间变化关系

（实验 7：溶液矿化度 32500mg/L，注入压差 0.14MPa，围压 5.0MPa）

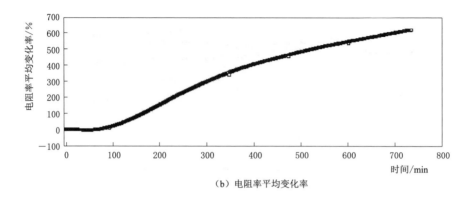

（b）电阻率平均变化率

图 6.24（二） 各电极间的电阻率、电阻率平均变化率的时间变化关系
（实验 7：溶液矿化度 32500mg/L，注入压差 0.14MPa，围压 5.0MPa）

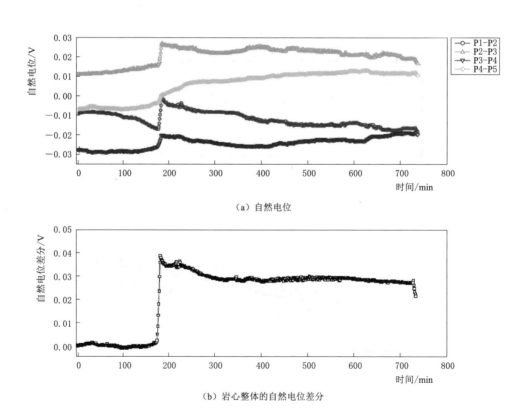

（a）自然电位

（b）岩心整体的自然电位差分

图 6.25 各电极间的自然电位、岩心整体的自然电位差分的时间变化关系
（实验 7：溶液矿化度 32500mg/L，注入压差 0.14MPa，围压 5.0MPa）

3）使用 325000mg/L 的 NaCl 盐水溶液饱和岩心。

4）采用围压 5.0MPa、注入压差 0.73MPa 进行蒸馏水定注入压力注入岩心实验。实验时长 320min，实验结果如图 6.26～图 6.28 所示。

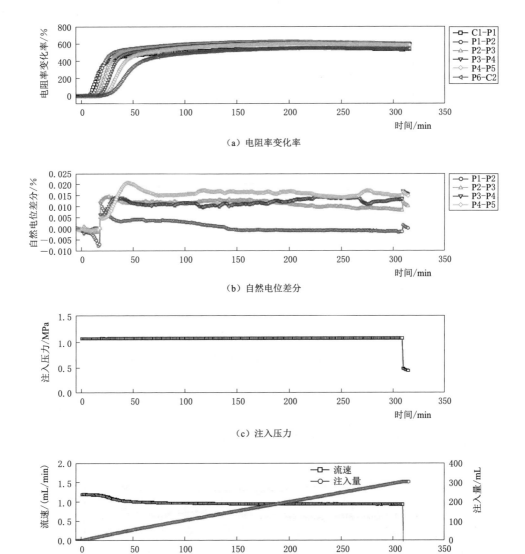

（a）电阻率变化率

（b）自然电位差分

（c）注入压力

（d）注入溶液的流速和注入量

图 6.26　电阻率变化率、自然电位差分、注入压力、注入溶液的流速和
注入量的时间变化关系

（实验 8：溶液矿化度 32500mg/L，注入压差 0.73MPa，围压 5.0MPa）

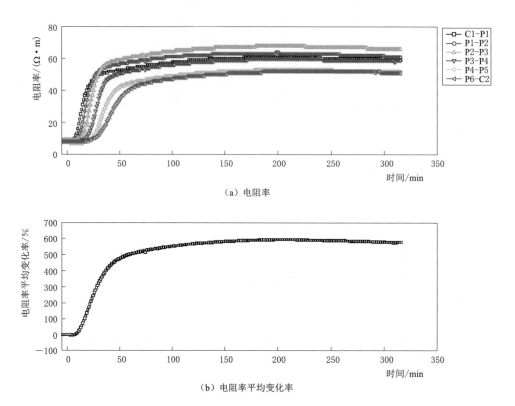

（a）电阻率

（b）电阻率平均变化率

图 6.27 各电极间的电阻率、电阻率平均变化率的时间变化关系
（实验 8：溶液矿化度 32500mg/L，注入压差 0.73MPa，围压 5.0MPa）

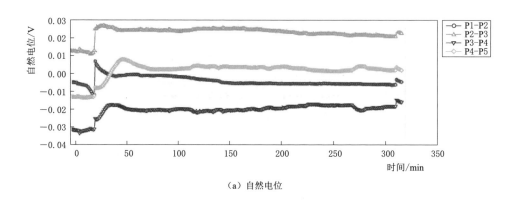

（a）自然电位

图 6.28（一） 各电极间的自然电位、岩心整体的自然电位差分的时间变化关系
（实验 8：溶液矿化度 32500mg/L，注入压差 0.73MPa，围压 5.0MPa）

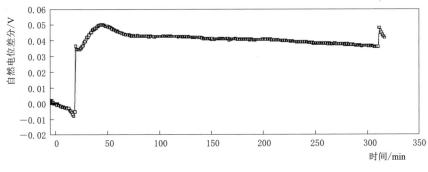

（b）岩心整体的自然电位差分

图 6.28（二） 各电极间的自然电位、岩心整体的自然电位差分的时间变化关系

（实验 8：溶液矿化度 32500mg/L，注入压差 0.73MPa，围压 5.0MPa）

5）使用 325000mg/L 的 NaCl 盐水溶液饱和岩心。

6）采用围压 5.0MPa、注入压差 1.83MPa 进行蒸馏水定注入压力注入岩心实验。实验时长 230min，实验结果如图 6.29～图 6.31 所示。

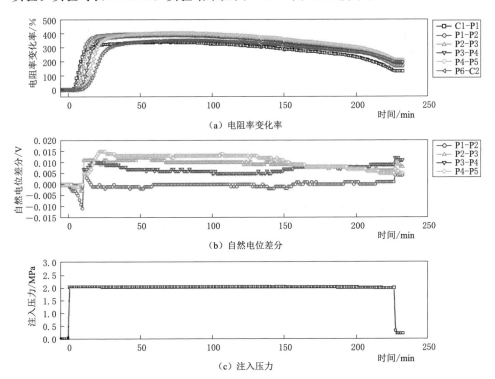

图 6.29（一） 电阻率变化率、自然电位差分、注入压力、注入溶液的流速和
注入量的时间变化关系

（实验 9：溶液矿化度 32500mg/L，注入压差 1.83MPa，围压 5.0MPa）

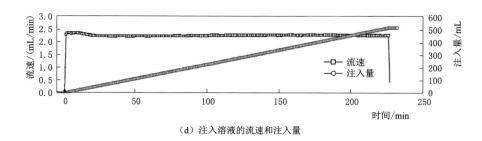

（d）注入溶液的流速和注入量

图 6.29（二） 电阻率变化率、自然电位差分、注入压力、注入溶液的流速和
注入量的时间变化关系
（实验 9：溶液矿化度 32500mg/L，注入压差 1.83MPa，围压 5.0MPa）

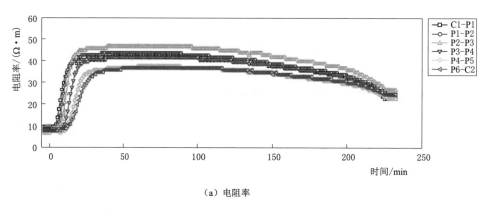

（a）电阻率

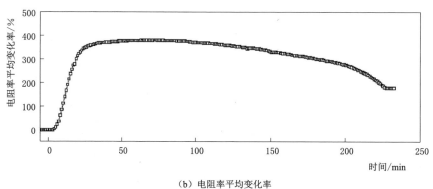

（b）电阻率平均变化率

图 6.30 各电极间的电阻率、电阻率平均变化率的时间变化关系
（实验 9：溶液矿化度 32500mg/L，注入压差 1.83MPa，围压 5.0MPa）

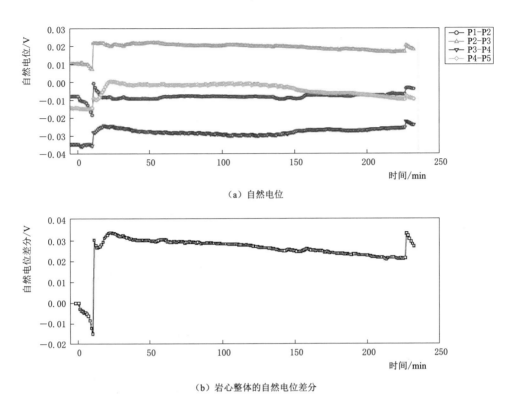

（a）自然电位

（b）岩心整体的自然电位差分

图 6.31　各电极间的自然电位、岩心整体的自然电位差分的时间变化关系

（实验 9：溶液矿化度 32500mg/L，注入压差 1.83MPa，围压 5.0MPa）

7）使用 325000mg/L 的 NaCl 盐水溶液饱和岩心。

8）采用围压 10.0MPa、注入压差 4.71MPa 进行蒸馏水定注入压力注入岩心实验。实验时长 130min，实验结果如图 6.32～图 6.34 所示。

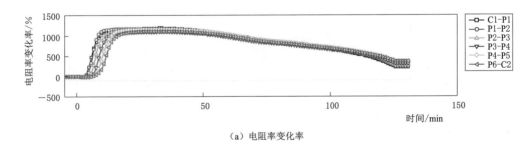

（a）电阻率变化率

图 6.32（一）　电阻率变化率、自然电位差分、注入压力、注入溶液的流速和
注入量的时间变化关系

（实验 10：溶液矿化度 32500mg/L，注入压差 4.71MPa，围压 10.0MPa）

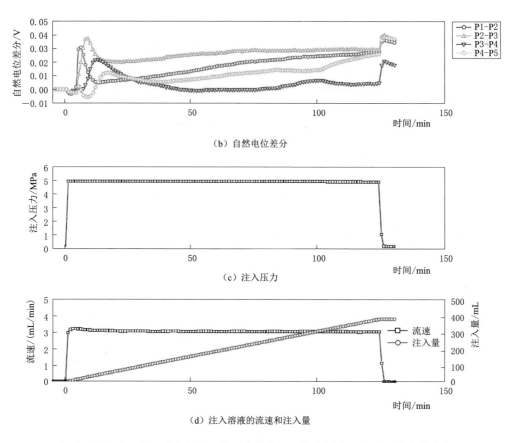

（b）自然电位差分

（c）注入压力

（d）注入溶液的流速和注入量

图 6.32（二） 电阻率变化率、自然电位差分、注入压力、注入溶液的流速和
注入量的时间变化关系

（实验 10：溶液矿化度 32500mg/L，注入压差 4.71MPa，围压 10.0MPa）

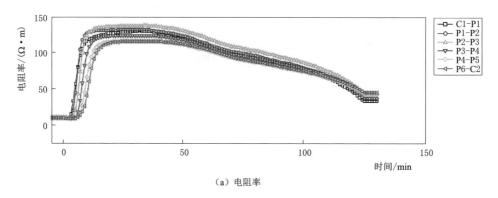

（a）电阻率

图 6.33（一） 各电极间的电阻率、电阻率平均变化率的时间变化关系

（实验 10：溶液矿化度 32500mg/L，注入压差 4.71MPa，围压 10.0MPa）

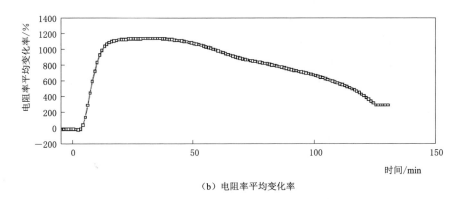

（b）电阻率平均变化率

图 6.33（二） 各电极间的电阻率、电阻率平均变化率的时间变化关系
（实验 10：溶液矿化度 32500mg/L，注入压差 4.71MPa，围压 10.0MPa）

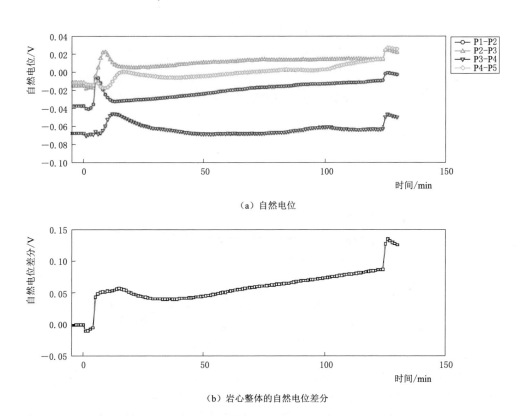

（a）自然电位

（b）岩心整体的自然电位差分

图 6.34 各电极间的自然电位、自然电位差分、岩心整体的自然电位差分的时间变化关系
（实验 10：溶液矿化度 32500mg/L，注入压差 4.71MPa，围压 10.0MPa）

（2）矿化度为 32500mg/L 的 NaCl 溶液饱和岩心的定注入压力实验小结。

综合实验测试数据，可以作出饱和岩心溶液矿化度为 32500mg/L 的 NaCl 时不同压差条件下的注入实验结果曲线。

图 6.35 是蒸馏水注入岩心实验过程中在不同压差条件下岩心整体电阻率变化曲线，图 6.36 是不同压差条件下岩心整体流动电位（即自然电位差分）随时间变化曲线。

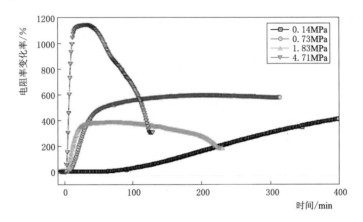

图 6.35　电阻率变化曲线（矿化度为 32500mg/L 的 NaCl 溶液）

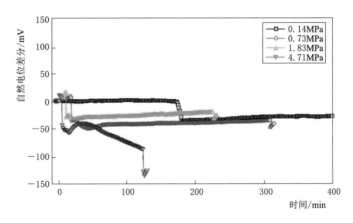

图 6.36　流动电位曲线（矿化度为 32500mg/L 的 NaCl 溶液）

使用饱和溶液矿化度为 32500mg/L 的测试实验结果（图 6.35）相对其他矿化度条件下（1000mg/L、6000mg/L）的实验结果有所不同：

1）在注入压力为 0.14MPa 条件下，电阻率变化率一直呈增加趋势，这个趋势应该是由于在较低的注入压力下蒸馏水缓慢驱替高矿化度盐水，致使孔隙水矿化度不断下降、电阻率不断增加造成的。

2）在注入压为 1.83MPa 和 4.17MPa 条件下，电阻率变化率急剧增大随即又缓慢降低。这个趋势的前半部分是因为注入水在高注入压力条件下，快速驱替岩心内高矿化度的盐水，使得岩心孔隙水的矿化度迅速降低，电阻率变化率迅速增大。同时，由于注入液是从岩心的下部向上部注入，在高注入压力下，蒸馏水首先会沿连通性最好的孔喉通道快速渗流，但一些连通性较差、内径较细的孔喉通道内的高矿化度盐水还来不及全部被驱替，形成类似实际采油层中注水舌进和指进的现象，随着时间的延长，形成了高矿化度盐水和蒸馏水混杂存在的现象，随着未被迅速驱替的部分高矿化度盐水逐渐混合到蒸馏水中，孔隙水的整体电阻率又会降低。

从矿化度为 32500mg/L 的 NaCl 溶液实验测试结果中（图 6.36）可以看到，随着注入压力增大，自然电位差分并不是同时增大，高矿化度饱和液流动电位变化和注入压力的关系比较复杂。

从高矿化度（32500mg/L）NaCl 溶液饱和岩心后进行的蒸馏水注入实验可以看出，岩心电阻率随着蒸馏水的注入逐渐升高，但是流动电位却并没有按照计算公式的相关关系同时升高。

在注入压力为 1.83MPa 和 0.73MPa 条件下，流动电位变化很小，基本上稳定在一个定值附近。

在注入压力为 0.14MPa 条件下，在实验开始后的 170min 内没有流动电位产生，后又突然产生了一个负的流动电位，随即便稳定于这一定值附近。根据这一现象推测，当饱和岩心的溶液为较高矿化度盐水时，在注入压力很小的条件下，不易产生流动电位。当岩心电阻率变化到某一阈值（升高约一倍以上）时，才会产生流动电位。

在注入压力为 4.71MPa 条件下，随着电阻率快速变高，流动电位也较快增大；当岩心电阻率降低时，流动电位并没有随之降低，而是继续增大；当注水停止时，流动电位仍然增大至某一定值附近。

6.2.4　第四阶段

第四阶段流动电位测定实验的条件见表 6.1。

（1）结合实验条件，第四阶段定注入压力实验的步骤为：

1）使用稀油饱和 No.2 中砂岩岩心。

2）采用围压 5.0MPa、注入压差 0.32MPa 进行蒸馏水定注入压力注入岩心实验。实验时长 250min，实验结果如图 6.37～图 6.39 所示。

3）使用稀油饱和岩心。

4）采用围压 5.0MPa、注入压差 0.80MPa 进行蒸馏水定注入压力注入岩心实验。实验时长 350min，实验结果如图 6.40～图 6.42 所示。

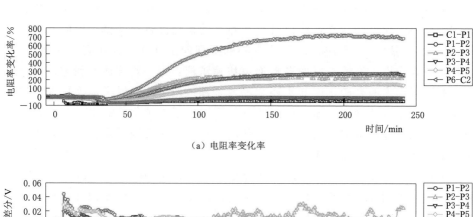

（a）电阻率变化率

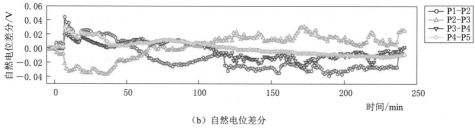

（b）自然电位差分

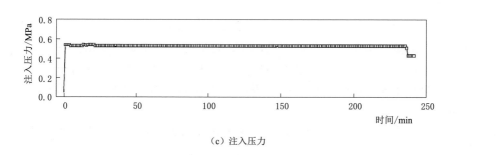

（c）注入压力

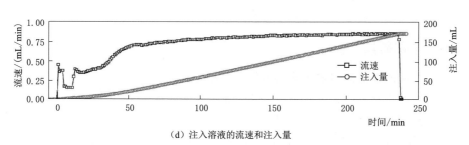

（d）注入溶液的流速和注入量

图 6.37　电阻率变化率、自然电位差分、注入压力、注入溶液的
流速和注入量的时间变化关系
（实验 11：油，注入压差 0.32MPa，围压 5.0MPa）

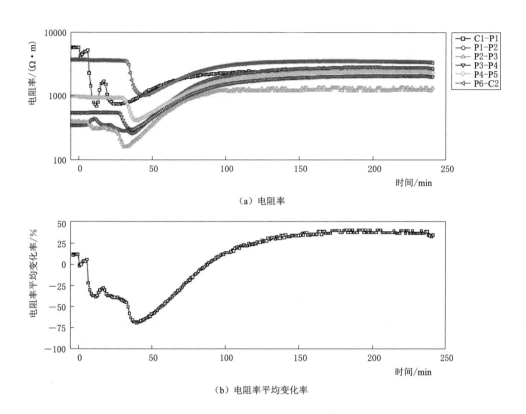

（a）电阻率

（b）电阻率平均变化率

图 6.38　各电极间的电阻率、电阻率平均变化率的时间变化关系
（实验 11：油，注入压差 0.32MPa，围压 5.0MPa）

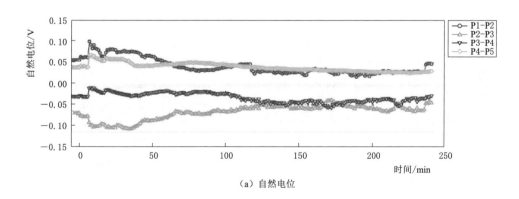

（a）自然电位

图 6.39（一）　各电极间的自然电位、岩心整体的自然电位差分的时间变化关系
（实验 11：油，注入压差 0.32MPa，围压 5.0MPa）

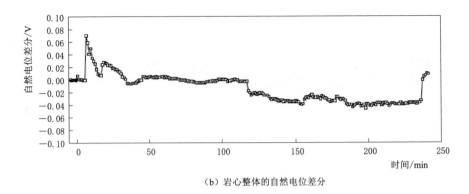

（b）岩心整体的自然电位差分

图 6.39（二）　各电极间的自然电位、岩心整体的自然电位差分的时间变化关系

（实验 11：油，注入压差 0.32MPa，围压 5.0MPa）

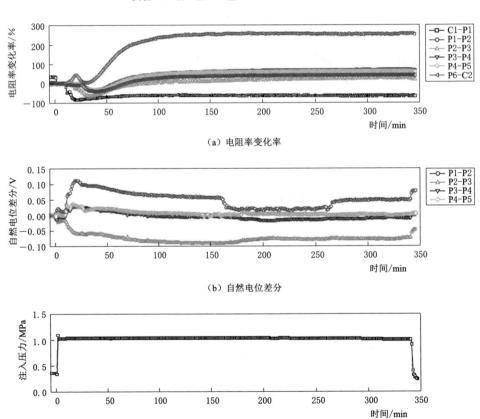

（a）电阻率变化率

（b）自然电位差分

（c）注入压力

图 6.40（一）　电阻率变化率、自然电位差分、注入压力、注入溶液的
流速和注入量的时间变化关系

（实验 12：油，注入压差 0.80MPa，围压 5.0MPa）

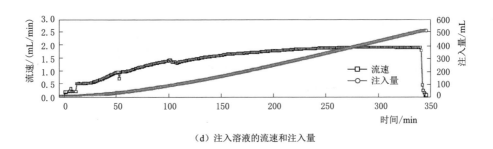

（d）注入溶液的流速和注入量

图 6.40（二）　电阻率变化率、自然电位差分、注入压力、注入溶液的
流速和注入量的时间变化关系

（实验 12：油，注入压差 0.80MPa，围压 5.0MPa）

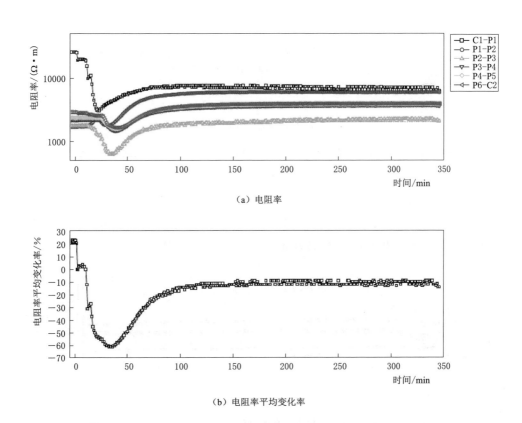

（a）电阻率

（b）电阻率平均变化率

图 6.41　各电极间的电阻率、电阻率平均变化率的时间变化关系

（实验 12：油，注入压差 0.80MPa，围压 5.0MPa）

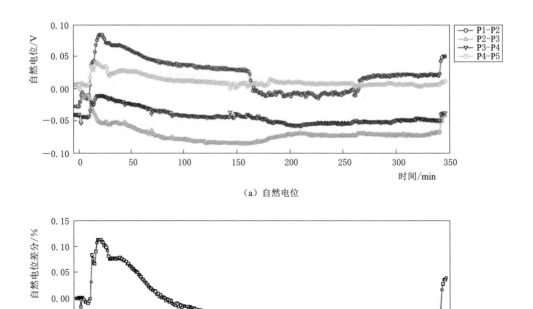

（a）自然电位

（b）岩心整体的自然电位差分

图 6.42 各电极间的自然电位、岩心整体的自然电位差分的时间变化关系
（实验 12：油，注入压差 0.80MPa，围压 5.0MPa）

5）使用稀油饱和岩心。

6）采用围压 5.0MPa、注入压差 2.02MPa 进行蒸馏水定注入压力注入岩心实验。实验时长 250min，实验结果如图 6.43～图 6.45 所示。

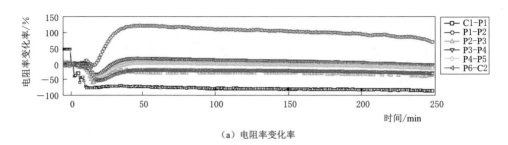

（a）电阻率变化率

图 6.43（一） 电阻率变化率、自然电位差分、注入压力、注入溶液的
流速和注入量的时间变化关系
（实验 13：油，注入压差 2.02MPa，围压 5.0MPa）

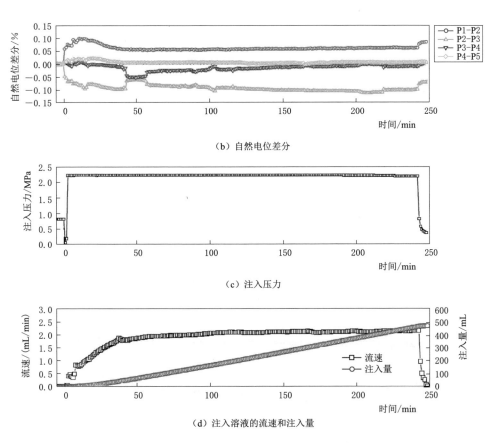

（b）自然电位差分

（c）注入压力

（d）注入溶液的流速和注入量

图 6.43（二） 电阻率变化率、自然电位差分、注入压力、注入溶液的
流速和注入量的时间变化关系

（实验 13：油，注入压差 2.02MPa，围压 5.0MPa）

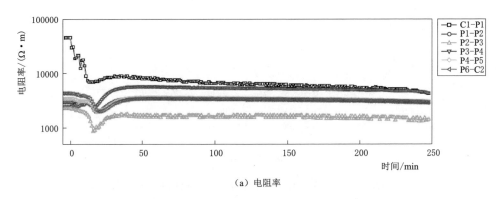

（a）电阻率

图 6.44（一） 各电极间的电阻率、电阻率平均变化率的时间变化关系

（实验 13：油，注入压差 2.02MPa，围压 5.0MPa）

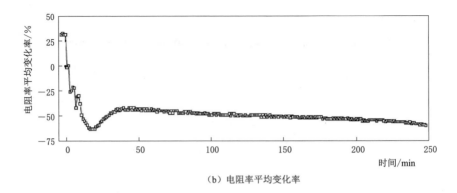

（b）电阻率平均变化率

图 6.44（二） 各电极间的电阻率、电阻率平均变化率的时间变化关系
（实验 13：油，注入压差 2.02MPa，围压 5.0MPa）

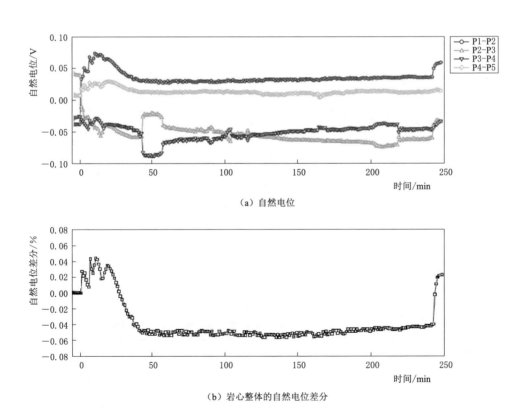

（a）自然电位

（b）岩心整体的自然电位差分

图 6.45 各电极间的自然电位、岩心整体的自然电位差分的时间变化关系
（实验 13：油，注入压差 2.02MPa，围压 5.0MPa）

7）使用稀油饱和岩心。

8）采用围压 10.0MPa、注入压差 5.02MPa 进行蒸馏水定注入压力注入岩心实验。实验时长 170min，实验结果如图 6.46～图 6.48 所示。

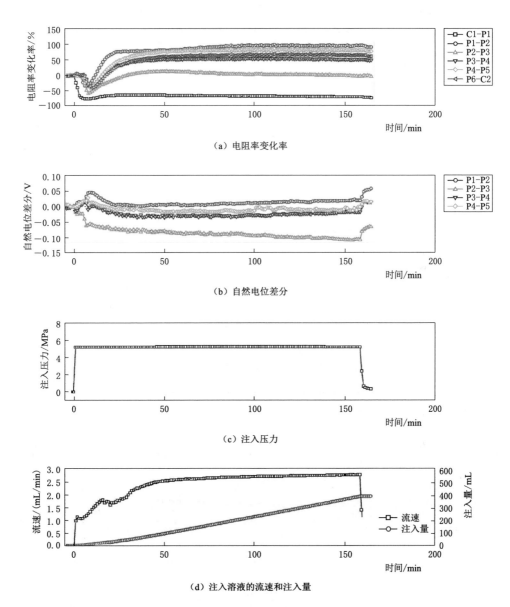

（a）电阻率变化率

（b）自然电位差分

（c）注入压力

（d）注入溶液的流速和注入量

图 6.46　电阻率变化率、自然电位差分、注入压力、注入溶液的
流速和注入量的时间变化关系

（实验 14：油，注入压差 5.02MPa，围压 10.0MPa）

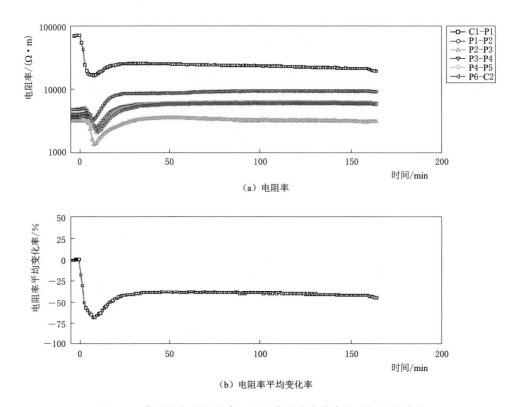

（a）电阻率

（b）电阻率平均变化率

图 6.47　各电极间的电阻率、电阻率平均变化率的时间变化关系
（实验 14：油，注入压差 5.02MPa，围压 10.0MPa）

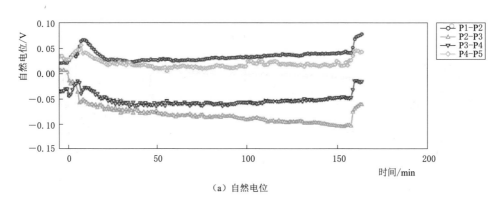

（a）自然电位

图 6.48（一）　各电极间的自然电位、岩心整体的自然电位差分的时间变化关系
（实验 14：油，注入压差 5.02MPa，围压 10.0MPa）

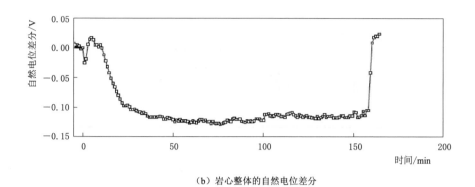

（b）岩心整体的自然电位差分

图 6.48（二）　各电极间的自然电位、岩心整体的自然电位差分的时间变化关系
（实验 14：油，注入压差 5.02MPa，围压 10.0MPa）

（2）稀油饱和岩心的定注入压力实验小结。

综合实验测试数据，可以作出饱和岩心溶液为稀油时，不同压差条件下注入实验的结果曲线。

图 6.49 是稀油注入岩心实验过程中在不同压差条件下岩心整体电阻率变化曲线，图 6.50 是不同压差条件下岩心整体流动电位（即自然电位差分）随时间变化曲线。

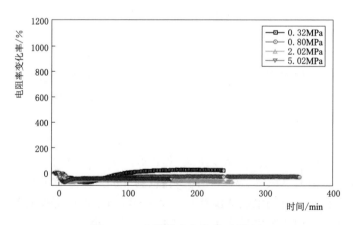

图 6.49　电阻率变化曲线（稀油）

从使用饱和溶液为稀油的测试实验结果（图 6.49）可以看出，整个注入的过程中岩心电阻率变化不大，而且电阻率很快就稳定在某一定值附近。这是由于油和蒸馏水中可以导电的自由离子浓度都很低，电阻率变化率就较低。当注入压力较大时，电阻率很快就有趋向定值的倾向。

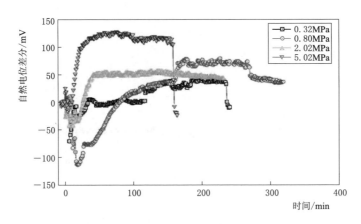

图 6.50　流动电位曲线（稀油）

从稀油饱和岩心的实验结果（图 6.50）可以看出，随着注入压力变大，虽然电阻率变化很小，但是自然电位差分却在增大，即流动电位随注入压力增加而变大，但增大到最大值后便相对稳定在某一数值附近。注入压力越大，流动电位数值稳定需要的时间就越短。

6.3　实验结果讨论

岩心室内实验是在定注入压力条件下测定不同矿化度溶液饱和岩心的流动电位随时间发生变化情况。

从双电层界面导电理论可以推测出，在蒸馏水注入过程中，随着溶液的电阻率增大，流动电位慢慢增大。理论上，当渗流达到平衡状态时，电阻率的变化会停止，流动电位应该变成一个定值。当注水停止，注入压力变为大气压的瞬间，流动电位应该恢复为零值。

但是，实验测定的数据结果和理论预测的趋势不完全一致。例如，饱和岩心溶液为 32500mg/L 盐水实验测定的数据显示，注入压力变为 0 时，流动电位却从低值变为了高值（图 6.36）。使用矿化度为 1000mg/L 饱和溶液测试时，在电阻率变化停止时，流动电位并没有马上变为 0，而是慢慢降低到某个数值。综合实验结果认为，理论公式的适用条件需要进一步研究确认。

从实验结果也可以看出，有的实验在注入开始和部分注入停止时的自然电位是负值，自然电位变为负值的原因主要是由于负离子在长时间的注水过程中向岩心的上部迁移，使得负电荷滞留。从岩心两端的圆盘电极（C1、C2）出来的流电形成分极现象，产生负电荷聚集。这些负自然电位测试结果应该是界面导电现象以外的原因形成的。

6.3.1 实验结果计算分析

根据岩心实验测定的数据，计算出注入停止时（注水停止前后）的自然电位差分（流动电位）。根据流动电位和压差关系的相关计算公式，算出流动电位耦合系数 C_c，结果见表 6.2。

表 6.2   定注入压力室内实验流动电位及耦合系数

饱和岩心溶液（矿化度）	注入压力/MPa	自然电位* /mV		流动电位/mV	C_c /(mV/100kPa)	C_c 平均值/(mV/100kPa)
		压力泵停止前	压力泵停止后			
1000mg/L	0.18	—	—	—	—	11.92
	0.98	−87.5	63.3	150.8	15.23	
	1.98	−142.1	29.1	171.2	8.60	
6000mg/L	0.22	−1.3	9.3	10.6	4.82	5.78
	0.90	−16.5	41.5	58.0	6.45	
	1.89	−66.5	48.3	114.8	6.07	
32500 mg/L	0.14	−6.2	−9.4	−3.2	−2.29	0.86
	0.73	−2.1	6.2	8.3	1.13	
	1.83	−24.3	−15.4	8.9	0.49	
	4.71	−46.4	−1.7	44.7	0.95	
用油饱和	0.32	−43.0	−0.9	42.1	13.16	6.61
	0.80	−87.0	−24.0	63.1	7.88	
	2.02	−57.8	1.2	59.0	2.92	
	5.02	−88.5	35.1	123.6	2.46	

* 表内的自然电位指的是 4min 内的电位平均值。

根据定注入压力室内实验推导得出的流动电位关系式见表 6.3。

表 6.3   定注入压力室内实验测定流动电位关系式

饱和岩心溶液（矿化度）	流动电位关系式 $E_s = C_c \Delta P$	饱和岩心溶液矿化度	流动电位关系式 $E_s = C_c \Delta P$
1000mg/L	$E_s = 11.92\Delta P$	32500mg/L	$E_s = 0.86\Delta P$
6000mg/L	$E_s = 5.78\Delta P$	油	$E_s = 6.61\Delta P$

定注入压力实验注入压力和流动电位的关系曲线如图 6.51 所示。

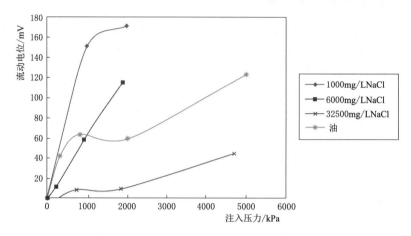

图 6.51 注入压力和流动电位的关系曲线

流动电位定注入压力测试实验中，使用蒸馏水驱替矿化度为 6000mg/L NaCl 溶液的实验结果中能明显看出注入过程中注入压力和流动电位的线性关系。其他的矿化度条件下，线性关系虽然不明显，但也可以看出注入压力增大时流动电位也变大。

从图 6.51 中也可以看出，饱和岩心的溶液矿化度越大，流动电位的变化越小。

6.3.2 流动电位发生机理的实验推测

从实验测定结果可以推测流动电位发生的机理：

（1）向岩心注入溶液开始时的几分钟，向岩心内渗透很小的流量时，岩心的电阻率几乎不变，却渐渐产生了和注入压力有一定比例关系的流动电位。当注入压力变为一个定值时，对应发生的流动电位也是一个定值。

（2）继续注入溶液，随着流量的增大，岩心内的孔隙水慢慢被注入溶液（蒸馏水）置换掉，电阻率也随着逐渐增大。受溶液电阻率增大的影响，流动电位也慢慢变大。

（3）当岩心内部的孔隙水被注入溶液置换完毕后，电阻率的变化也随即停止，同时产生了和注入压力有一定比例关系的流动电位。当注入压力成为一个定值时，流动电位也变为一个定值。

6.4 本章小结

本章对使用不同矿化度（1000mg/L、6000mg/L、32500mg/L）的 NaCl 溶

液和油饱和岩心分别进行了数小时的蒸馏水注入过程的流动电位和电阻率变化测定实验。

实验结果显示：

（1）在岩心孔隙水和蒸馏水注入置换的过程中，电阻率增大，在一定的注入压力条件下，流动电位逐渐变大。

（2）当岩心中的孔隙水被注入的蒸馏水全部置换完毕，电阻率停止变化时，仍然有一定的流动电位发生；注入压力变为零时，流动电位迅速降低。

（3）在一定注入压力条件下，流动电位也有变低的现象，这个现象据推测是由于电极分极引起的。

流动电位室内测试实验研究了注入压力与注入溶液矿化度和流动电位产生的相互关系，计算了相应矿化度下的流动电位系数，为实现野外实际石油开发的高精度化、高效率化奠定了一定的量化评价基础。

第7章

岩层电性在不同温度下的变化

研究我国油藏的基本特点后可知，由于我国的油藏大多是陆相，其形成过程就决定了油藏大多具有断层和裂缝多、油层渗透性各向严重异性等典型的非均质储层大量分布的状态。油藏深埋在地下，一般从几百米到几千米不等，当前推测油藏状态的主要方法有测井、数值模拟、油藏工程物质平衡、生产动态分析等，其中测井是通过井筒采集地层信息最多、覆盖面最广、采样密度最大、最能比较准确地实时反映地层条件下各项参数的技术，是监测地下静态和动态状况的主要手段。由于电阻率测井费用低和探测深度较深，现阶段采用的测井系列以电阻率测井系列为主。但是随着地层深度的增加，地层温度也随之升高，有的地区温度变化还很复杂，温度的变化将直接影响各个地层的电阻率，这种现象在很大程度上影响了水淹层测井解释的精度，给电法测井技术带来严重困扰。

研究不同岩性的岩石电阻率和温度变化的关系是电阻率测井准确解译的关键技术。

7.1 理论研究

岩石主要是由骨架和孔隙两部分组成，岩石骨架本身不导电，如果孔隙空间充满了水，则岩石就可以导电。也就是说，岩石的导电性实际上是通过岩石孔隙中的电解质-水溶液而导电的。一般来说，随着温度的上升，因为孔隙溶液中离子的移动速度增大，水溶液的电气传导率也增大，电阻率会变小。水溶液的电阻率和温度的相关关系式由 Yokoyama 等[66] 通过实验提出：

$$\rho_{w2} = \frac{T_1 + 21.5}{T_2 + 21.5}\rho_{w1} \tag{7.1}$$

式中：T 为水溶液的温度；ρ_w 为水溶液的电阻率。

Arps[67] 提出了岩石的电阻率和孔隙率、饱和度以及岩石中孔隙水电阻率的关系，即

$$\rho_R = a\phi^{-m}s^{-n}\rho_w \tag{7.2}$$

式中：ρ_R 为岩石的电阻率；ρ_w 为孔隙水的电阻率；ϕ 为岩石孔隙率；s 为岩石的饱和度；a、m、n 为岩石种类不同时相应的参数。

通过式（7.1）和式（7.2）可知，岩石的电阻率随着孔隙水温度的变化而改变。

为了验证高温状态下不同岩石电阻率的实际变化情况，首先在室内做了花岗岩、凝灰岩、泥岩和砂岩的岩石样本加热实验，记录了岩样从室温 23℃ 升高到 96℃ 过程中电阻率的变化情况。室内实验完成后，又在某实验洞内做了泥岩岩体原位加热实验。实验研究的目的是研究岩层中岩体随温度变化（温度升高）对应岩石电阻率变化的实际情况。

7.2 室内实验

为了研究不同岩石随温度升高自身电阻率的改变情况，选取了 4 组花岗岩、5 组凝灰岩、5 组砂岩和 8 组泥岩作为实验样本。

室内实验时，温度与电阻率关系的实验操作步骤包括：①岩样的取心，打磨，制样（图 7.1）；②将岩样放入真空泵完全饱和（图 7.2）；③岩样物理参数的量测；④放入调温炉内加温（图 7.3）；⑤使用电阻率仪记录不同温度时岩石的电阻率值。

7.2.1 砂岩室内实验

室内实验 5 组砂岩岩样的基本参数见表 7.1。

表 7.1 室内实验 5 组砂岩岩样的基本参数（室温 23℃）

岩样编号	直径/mm	长度/mm	重量/g	孔隙率/%
No. 1	51.95	41.68	211.60	12.90
No. 2	52.19	36.15	185.25	11.00

续表

岩样编号	直径/mm	长度/mm	重量/g	孔隙率/%
No. 3	51.78	36.24	184.18	11.10
No. 4	50.86	40.05	207.98	5.90
No. 5	51.67	39.75	196.24	9.60

图 7.1 岩心制作

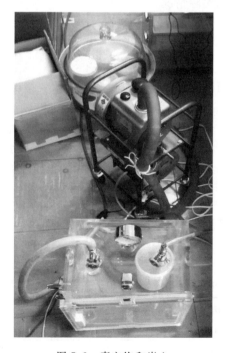

图 7.2 真空饱和岩心

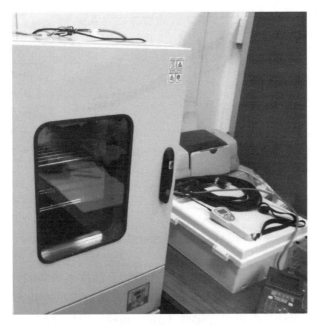

图 7.3　调温炉加热测试

5 组砂岩岩心经过 23～96℃ 的加温实验，得到了加温实验的相关数据，处理实验结果得到砂岩电阻率和温度变化的关系曲线（图 7.4）。由实验结果可知，所有砂岩岩心随着温度上升，砂岩的电阻率逐渐下降，23～70℃ 下降较快，70℃ 以后到 96℃ 降低速度稍有降低。

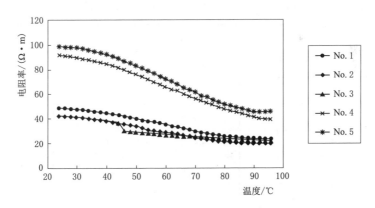

图 7.4　砂岩岩样电阻率随温度变化的关系曲线

通过计算每组砂岩岩心在温度升高过程中电阻率的变化率，又可以得到砂岩电阻率变化率随温度变化的关系曲线如图 7.5 所示。

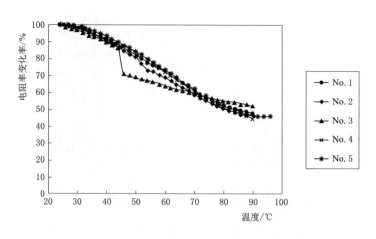

图 7.5 砂岩试样温度变化和电阻率变化率的关系曲线

由图 7.5 可以看出，虽然每组砂岩岩样随着温度上升各自降低的电阻率绝对值不同，但是每组砂岩岩样在温度升高时，各组电阻率变化率是近似一致的，经过计算得到 5 组砂岩电阻率变化率（ΔR）和温度变化（ΔT）关系实验结果的回归关系为

$$\Delta R = 1.5127 e^{-0.013\Delta T}$$

7.2.2 泥岩室内实验

室内温度实验的 8 组泥岩岩样的基本参数见表 7.2。

表 7.2 室内实验泥岩岩样的基本参数（室温 23℃）

岩样编号	直径/mm	长度/mm	重量/g	孔隙率/%
No. 1	53.05	49.87	203.10	40.05
No. 2	52.93	50.10	206.62	38.16
No. 3	52.76	50.28	212.23	35.71
No. 4	52.94	50.33	214.42	36.27
No. 5	52.82	50.46	214.71	35.37
No. 6	52.81	50.52	210.40	35.76
No. 7	52.85	51.26	221.90	34.49
No. 8	52.75	50.65	219.01	34.87

8 组泥岩岩心经过 23～96℃ 的加温实验，得到了加温实验的相关数据，处理实验结果得到泥岩电阻率随温度变化的关系曲线（图 7.6）。泥岩试样温度变化和电阻率变化率的关系曲线如图 7.7 所示。从实验结果可知，所有泥岩岩心随着温度上升，泥岩的电阻率逐渐下降，23～96℃ 之间也呈近线性关系下降。No.7 岩心在 80℃ 以后电阻率稍有上升，该现象根据实验误差分析，认为是由于岩心受热不均匀造成。

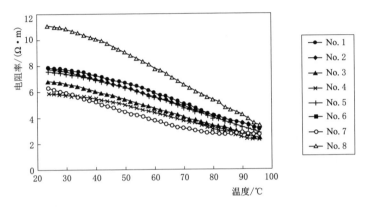

图 7.6　泥岩试样电阻率随温度变化的关系曲线

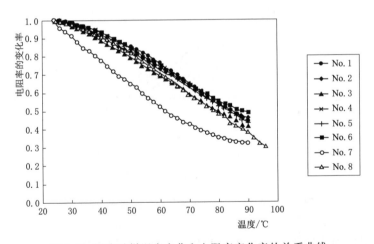

图 7.7　泥岩试样温度变化和电阻率变化率的关系曲线

从图 7.6 可以看出，除 No.7 泥岩岩心外，其他各组泥岩岩样随着温度上升，各组的电阻率变化率也是近似一致的。经过计算得到 8 组泥岩电阻率变化率（ΔR）和温度变化（ΔT）关系实验结果的回归关系为

$$\Delta R = 1.7122 e^{-0.016 \Delta T}$$

7.2.3 凝灰岩室内实验

5 组凝灰岩岩样的基本参数见表 7.3。

表 7.3　　　　　室内实验凝灰岩岩样的基本参数（室温 23℃）

岩样编号	直径/mm	长度/mm	重量/g	孔隙率/%
No. 1	49.77	51.89	240.49	12.67
No. 2	49.90	52.19	242.86	14.17
No. 3	49.84	53.18	236.72	14.89
No. 4	50.61	53.32	246.92	19.02
No. 5	49.65	51.32	233.80	17.33

5 组凝灰岩岩心经过 23~96℃ 的加温实验，得到了加温实验的相关数据，处理实验结果得到砂岩电阻率和温度变化的关系曲线（图 7.8）。由实验结果可知，所有凝灰岩岩心随着温度上升，电阻率均逐渐下降。

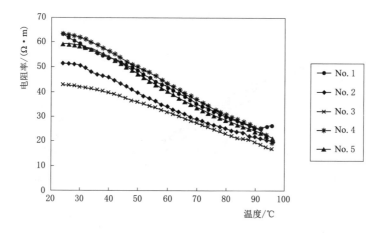

图 7.8　凝灰岩试样电阻率随温度变化的关系曲线

通过计算每组凝灰岩岩心在温度升高过程中电阻率的变化率，可以得到凝灰岩电阻率变化率随温度变化的关系曲线，如图 7.9 所示。

从图 7.9 可以看出，各组凝灰岩岩样随着温度上升，电阻率变化率近似一致。经过计算得到 5 组凝灰岩电阻率变化率（ΔR）和温度变化（ΔT）关系实验结果的回归关系为

$$\Delta R = 1.5527 e^{-0.014\Delta T}$$

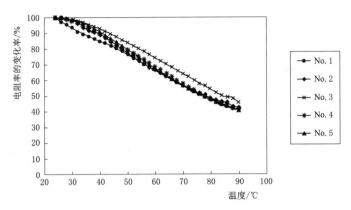

图 7.9 凝灰岩试样温度变化和电阻率变化率的关系曲线

7.2.4 花岗岩室内实验

4 组花岗岩岩样的基本参数见表 7.4。

表 7.4 室内实验花岗岩岩样的基本参数（室温 23℃）

岩样编号	直径/mm	长度/mm	重量/g	孔隙率/%
No. 1	63.23	50.02	418.58	0.82
No. 2	63.42	50.04	419.75	0.51
No. 3	63.04	50.96	401.83	5.70
No. 4	63.21	50.21	399.02	5.10

4 组花岗岩岩心经过 23～96℃ 的加温实验，得到了加温实验的相关数据，处理实验结果得到花岗岩电阻率和温度变化的关系曲线（图 7.10）。由实验结果可知，所有花岗岩岩心随着温度上升，电阻率均逐渐下降。

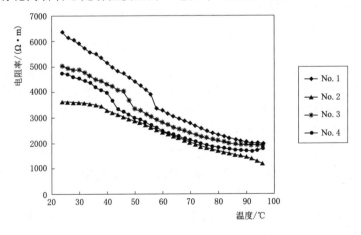

图 7.10 花岗岩试样电阻率随温度变化的关系曲线

通过计算每组花岗岩岩心在温度升高过程中电阻率的变化率，可以得到花岗岩电阻率变化率随温度变化的关系曲线，如图 7.11 所示。

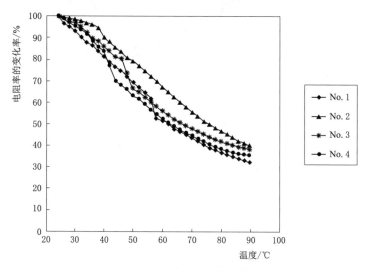

图 7.11　花岗岩试样温度变化和电阻率变化率的关系曲线

从图 7.11 可以看出，各组花岗岩岩样随着温度上升，电阻率变化率近似一致。经过计算得到 4 组花岗岩电阻率变化率（ΔR）和温度变化（ΔT）关系实验结果的回归关系为

$$\Delta R = 1.5843 e^{-0.017 \Delta T}$$

7.3　结果分析

室内升温实验的结果表明，随着温度的上升，砂岩、泥岩、凝灰岩、花岗岩的电阻率均呈线性下降趋势。

由砂岩实验可知，在温度升高 20℃后（对应实验时 43℃），砂岩电阻率可以降为初始电阻率的 85％左右；在温度升高 40℃后（63℃），砂岩电阻率可以降为初始电阻率的 65％左右；在温度升高 70℃后（90℃附近），砂岩电阻率可以降为初始电阻率的 45％以下。

由泥岩实验可知，在温度升高 20℃后（43℃），泥岩电阻率可以降为初始电阻率的 90％左右；在温度升高 40℃后（63℃），泥岩电阻率可以降为初始电阻率的 75％左右；在温度升高 70℃后（90℃附近），泥岩电阻率可以降为初始电阻率的 45％以下。

由凝灰岩实验可知，在温度升高 20℃后（43℃），凝灰岩电阻率可以降为初始电阻率的 85％左右；在温度升高 40℃后（63℃），凝灰岩电阻率可以降为初始电阻率的 67% 左右；在温度升高 70℃ 后（90℃ 附近），凝灰岩电阻率可以降为初始电阻率的 45% 以下。

由花岗岩实验可知，在温度升高 20℃ 后（43℃），花岗岩电阻率可以降为初始电阻率的 78% 左右；在温度升高 40℃ 后（63℃），花岗岩电阻率可以降为初始电阻率的 57% 左右；在温度升高 70℃ 后（90℃ 附近），花岗岩电阻率可以降为初始电阻率的 35% 以下。

7.4　现场实验

7.4.1　现场实验方法

岩层加热原位实验的地点位于地下平硐，地层岩体主要是泥岩，也夹有少量的薄层砂岩，现场原位实验就在平硐内进行。

实验时，首先在实验洞的地面开凿了一个直径 30cm、深度 60cm 的岩孔，孔内充满地下水，在孔里放置电加热器来加热岩体，同时用搅拌机搅拌地下水，使得孔内各个部位的水温能同步变化。加热前的地下水温度是 17℃，实验开始后，首先将孔内加热到 40℃，岩体变形等数据稳定以后，将温度逐渐升高到 90℃。实验洞结构如图 7.12 所示。

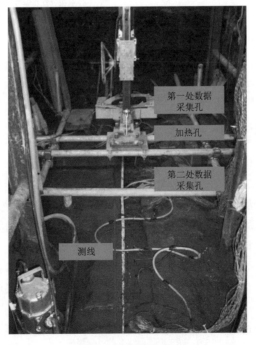

图 7.12　实验洞结构

7.4.2 现场数据的测定

图 7.13 为电阻率测定时的电极配置方法。测试孔正上方的地表面布设 SUS 电极（直径 0.3cm、长 5cm）间隔 10cm，一共 30 根电极。从测试孔侧面 50cm 的地方开了两个直径 6.6cm、深 165cm 的孔，在深度方向每隔 10cm 布设一个 SUS 电极，一共布设 15 个电极。地表和孔内总计布设 60 个电极。

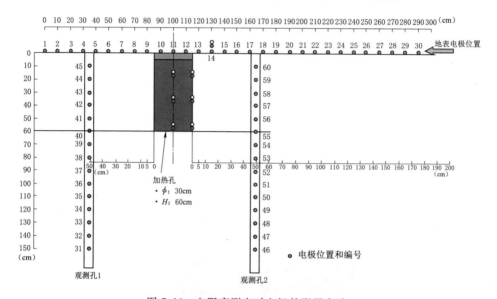

图 7.13 电阻率测定时电极的配置方法

数据采集是通过无线信号发射器连接室内和现场电脑，在室内可以对现场的计算机进行远程操控，数据的收集可以进行不间断操作。

7.4.3 实验测定结果

加热前测得的电阻率分布如图 7.14 所示。测定范围内的岩石电阻率为 $10 \sim 60\Omega \cdot m$。在深度 35～55cm 的范围内，局部岩层电阻率比周围的岩层电阻率高些。根据观测，是因为有薄层砂岩夹层存在的原因。

加热实验中，为了方便观察各个部位电阻率相对变化的大小程度，采用电阻率变化率 R 来解析，如图 7.15 所示。

随着温度的升高，测孔周围的电阻率开始降低。向 40℃ 加热过程中，电阻率降低 30% 左右。在温度上升过程中，可以清楚地看到岩层电阻率降低的范围在逐渐扩大。

向 60℃ 加热的过程中，电阻率最大降低约 45%，这时可以清楚地看到电阻率降低的范围更大了。

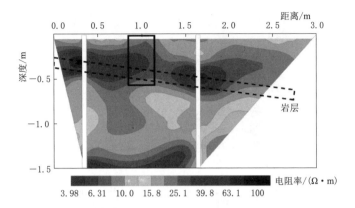

图 7.14　加热前测得的电阻率分布

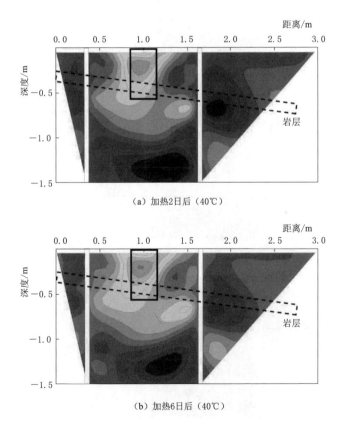

（a）加热2日后（40℃）

（b）加热6日后（40℃）

图 7.15（一）　电阻率随加热变化的截面图

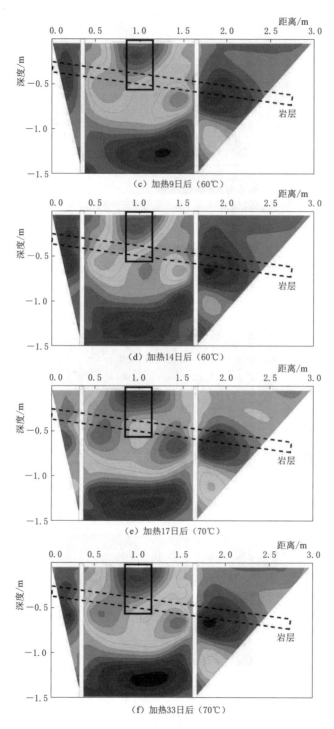

（c）加热9日后（60℃）

（d）加热14日后（60℃）

（e）加热17日后（70℃）

（f）加热33日后（70℃）

图 7.15（二） 电阻率随加热变化的截面图

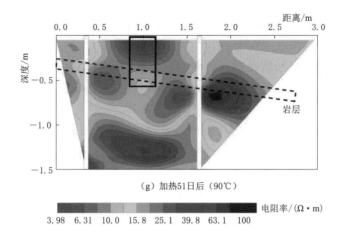

图 7.15（三） 电阻率随加热变化的截面图

在 90℃ 稳定加热的过程中，电阻率最大降低到原来的 50％ 左右。

7.4.4 现场实验结果分析

由式（7.2）可知，岩石电阻率的变化与孔隙率和饱和度有关。实验时，测试孔内被地下水充满，实验过程中没有饱和度的变化影响。实验开始后，岩层并没有被扰动，孔隙率的影响也可以不考虑。因此，在现场实验中温度变化是引发岩石电阻率变化的唯一因素。

现场原位电阻率测试的结果显示，随着测孔温度升高，测孔周围岩体的电阻率明显变低。

现场实验结果与式（7.1）相一致，岩石的电阻率和孔隙水溶液的电阻率具有密切相关性。温度上升时，孔隙水的电阻率将变低，岩石的电阻率也就随着温度上升而降低。

7.5 本章小结

本次实验的目的是研究岩石在室内和原位加热时岩石电性的变化情况。

通过在室内对 4 组花岗岩、5 组凝灰岩、5 组砂岩和 8 组泥岩岩样进行 23～96℃ 的加热实验，以及现场原位 17～90℃ 的泥岩加温实验，可以看出随着温度上升，沉积岩电阻率明显下降。

当岩石被加热到 90℃ 时，从室内实验和现场原位实验的结果都可以看到岩石的电阻率将会降低到原来电阻率的 50％ 以下。

　　这些室内和原位实验结果显示，随着温度上升，岩石电阻率的变化可以明显表现出来。因此，只要测定岩体电阻率的变化，就可以了解岩体内部温度的变化。在采油时使用电测深法进行物探测井的过程中，岩层电阻率的异常减小和温度的升高有着必然的联系。研究不同岩性的岩石电阻率随温度变化的相互关系有助于电法测井时更好地对采集的电阻率数据进行解译。

第 8 章

流动电位法野外实验

为了对比研究在野外实际工程项目中地层注水时流体流动监测的效果，在某实验区进行了盐水注入和抽水实验，研究了电阻率法和流动电位法结合监测流体流动走向的实验效果。

8.1 实验区地质概要

本次实验的场所是一个有长期水溶性天然气溢出的水稻田，天然气在该处地表浅层经常有大量涌出的现象。为了调查天然气气体运动的路径和涌出的流量，在这里做了相关实验。首先是在断层中心部打一个钻孔，向钻孔中注入盐水后，探测地下岩层电阻率的变化，使地下情况变得可视化，推测出流体的流动方向和路线，通过断层中流体的流动推测天然气涌出的渗透路径。为了观察盐水扩散的范围和路线，也为了研究盐水实验对周边环境造成的影响，同时做了抽水实验，可以观察流动电位产生的情况。

实验区地质构造是单斜构造 5°~15°（深度 200~1500m）的沉积岩，地面上的水田中长期存在稳定的天然气流涌出。在该地区地表面水稻田水面可以经常看见大量天然气气泡状涌出。这些稳定涌出的天然气表明地下有大量的天然气储层，也说明地下的天然气存在气压，在不停地移动和涌出。

地层岩性主要是砂岩和黏土岩互层，最大层厚约 530m。调查区地质构造发育有南北向断层，断层是典型的正断层，断层东侧的岩层为上盘，上盘的北侧是相对沉降的构造。根据断层附近的钻孔勘查，可以做出地质断面图，如图 8.1 所示。耕植土下面 3m 左右是黏土岩分布，中间夹厚度数十厘米的凝灰岩。该层下面是砂岩岩层分布，剖面上有南北向分布的正断层两处。

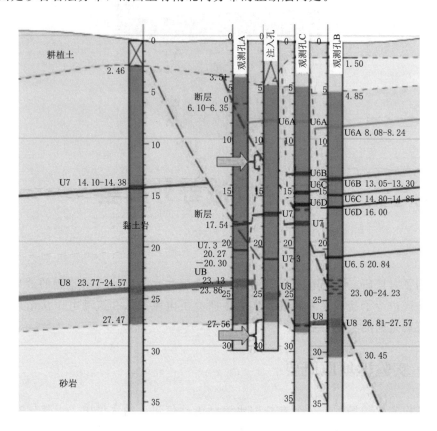

图 8.1　地质断面图

8.2　地下水径流实验

　　调查地层构造经常使用电阻率法。主要方法是通过将盐水溶液直接从钻孔注入，研究在周围的观测钻孔内的电阻率的变化来了解水流的渗透方向，同时希望通过研究岩石电阻率空间分布变化来实现地质构造的可视化。

　　一般陆地地下水的电阻率值在几十到几百欧姆的范围内，而海水的电阻率只有 0.3Ω 左右。这样就有数百倍的差值，把含盐分浓度很高的水溶液注入地下后，有盐水浸透区间的岩层电阻率会变低，注入盐水变化前后电阻率分别量测后，电阻率变低的区域就可以容易地找出来，也就可以知道水流流动的路径和方向。

在实验区北侧水稻田东西方向布置了 3 条测线，如图 8.2 所示。各测线长分别为 430m、595m、295m，电极间隔为 5m。3 条测线的电阻率断面图如图 8.3 所示。测试地的电阻率在 15～40Ω·m 的范围内。

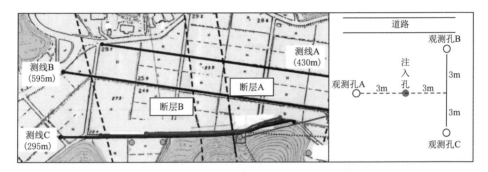

图 8.2　测线布置图

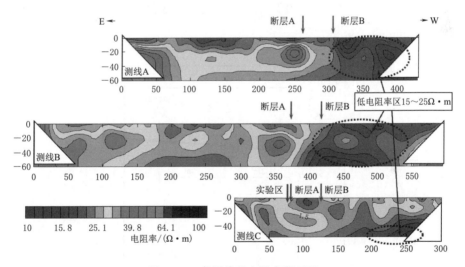

图 8.3　3 条测线的电阻率断面图

实验区钻孔调查结果显示本调查区域砂岩和黏土岩互层为主要分布形式。电阻率法的测线 A 和测线 B 的西端分布有低电阻率区域的原因可能是那里都是没有夹砂岩的黏土岩沉积层，或者是因为原本地下水的盐分浓度比周围高。

表 8.1 是钻孔岩心试样的电阻率。砂岩是 81～82Ω·m，黏土质泥岩是 18～28Ω·m。本岩样是将钻孔岩样打磨成圆柱形后，浸没在蒸馏水中然后真空

脱气饱和后测量的电阻率值。砂岩岩层电阻率较高，黏土岩电阻率稍低，与测线 C 上的钻孔调查结果相吻合。

表 8.1　　　　　　　　　　　　钻孔岩心试样的电阻率

编号	深度/m	岩石类型	电阻率/(Ω·m)
No.1	28.10~28.20	砂岩	81.0
No.2	29.75~30.00	泥岩	18.5
No.3	6.10~6.25	断层泥（断层部）	23.3
No.4	6.25~6.40	断层泥（断层部）	28.5
No.5	24.85~24.95	砂岩	81.8

8.2.1　盐水注入时电阻率的监测

8.2.1.1　盐水注入的方法

在实验场布置了 4 个孔，注水孔的深度为 50m，其他 3 个孔的深度为 30m。盐水从注水孔注入，其他 3 个孔用来观察电阻率的变化。实验孔位分布如图 8.4 所示。

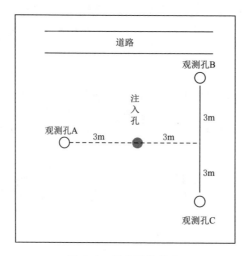

图 8.4　实验孔位分布

盐水注入区间为黏土层中有断层夹层的 -11.3~-12.3m 的上部区间，还有 -24~-30m 的砂岩层下部区间的两个部位。盐水溶液电气传导度为 53~54mS/cm。上部区间注水量为 2.21m³，下部区间注水量为 2.98m³。

向上部区间的注水用了 7 个小时。在注水前测了 1 次电阻率，注水期间测了 5 次，注水完了以后测了 2 次，一共测了 8 次。

向下部区间分两次注水。在注水前测了1次电阻率，注水期间测了6次，注水完了以后测了1次，一共测了8次。

8.2.1.2 电阻率测试法

3个观测孔以同样的方法在孔内用电极插入固定，注水期间连续计测。电极组是间距为50cm的30根电极多连式电极组，一次可以在14.5m的距离上展开测试。电极在孔内展开情况的视电阻率计算公式为

$$\rho_a = 2n(n+1)(n+2)a\frac{V}{I} \tag{8.1}$$

式中：V 为测试电压；I 为电流；a 为电极间隔；n 为电极隔离系数。

测定的时候用任意周期的正弦波电流来送信，使用4ch电位可以同时受信的装置来接收。

8.2.2 电阻率测试结果

根据盐水溶液注入前测得的视电阻率和注入后测得的视电阻率数据计算变化率。可以进行确认盐水溶液对测值的影响。

8.2.2.1 上部注入区间的测定结果

上部区间测定的视电阻率的变化率分布如图8.5～图8.7所示。在观测孔A的－6～－11m区间，视深度1.5～2m的范围内，随着计测时间的变化视电阻率慢慢变低。可以看出最大的变化为－10%左右。

观测孔B和初期相比的变化率比较复杂，但是随着时间也相应地降低了。

观测孔C的－7～－10m区间也可以看见有最大－6%左右电阻率降低的区域。

图8.8表示的是用观测孔A和B的数据解析的在观测时刻内A-B孔间的电阻率的变化，在初期电阻率断面的基础上推导出电阻率变化的二次元解析断面。可以看出－6～－12m区域随着时间的变化电阻率也变低了，最大有－16%的变化。

通过以上研究，认为从注入孔内断层部分（－11.3～－12.3m）注入的盐水，主要是向比观测孔A所在方向（西方）较为下倾的北侧断层下盘侧的破碎带渗透。

8.2.2.2 下部注入区间的测定结果

下部区间测定的视电阻率的变化率分布如图8.9～图8.11。观测孔A的－22～－26m区间（最大有－6%的变化）、观测孔B的－21～－25m区间（最大有－8%的变化），视深度1.5～2m区间，随着时间的变化视电阻率有变小的趋势，如图中画圈的地方。观测孔C随着时间的变化电阻率的变化不明显。

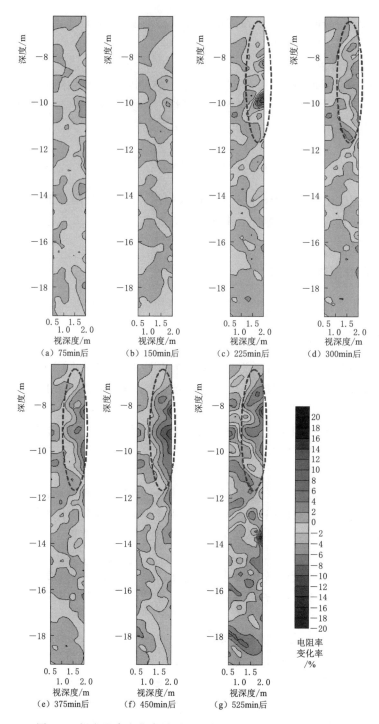

图 8.5 视电阻率变化率随时间的变化（观测孔 A 上部区间）

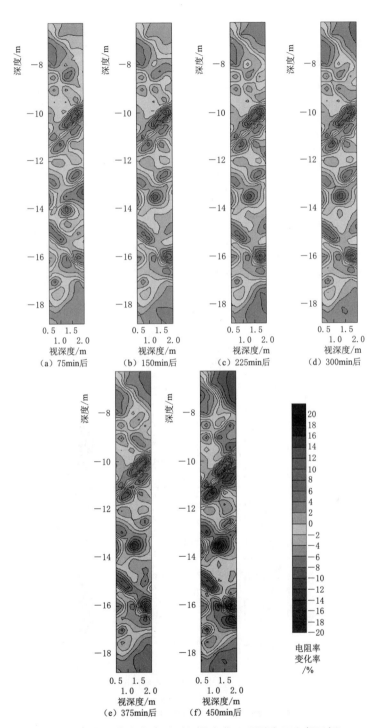

图 8.6　视电阻率变化率随时间的变化（观测孔 B 上部区间）

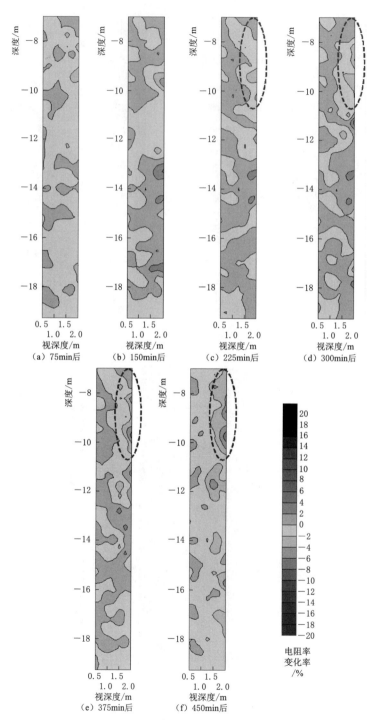

图 8.7 视电阻率变化率随时间的变化（观测孔 C 上部区间）

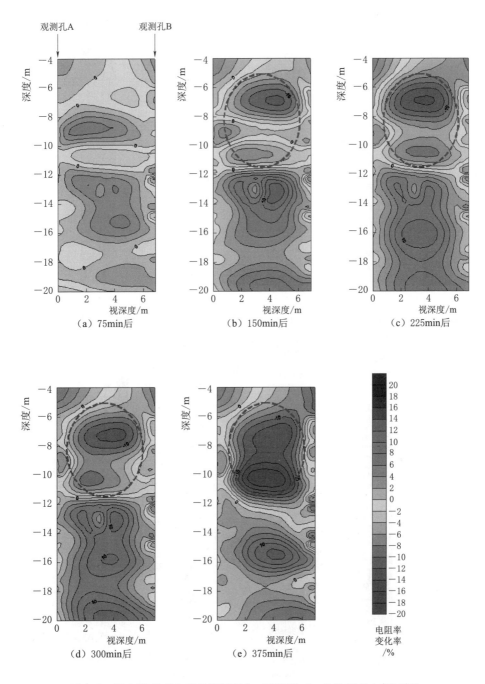

图 8.8 视电阻率变化率的时间变化（观测孔 A-B 孔间的上部区间）

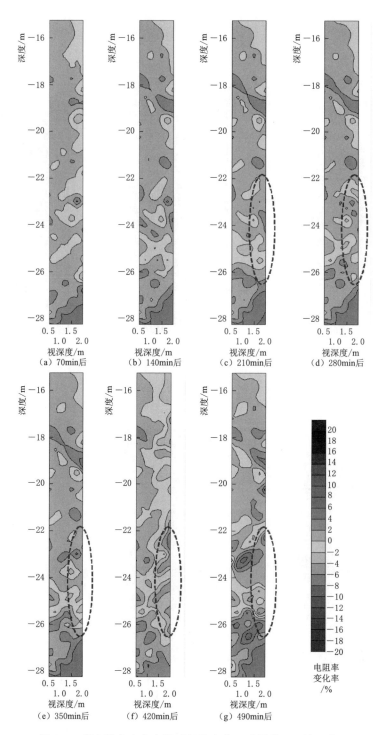

图 8.9　视电阻率变化率随时间的变化（观测孔 A 下部区间）

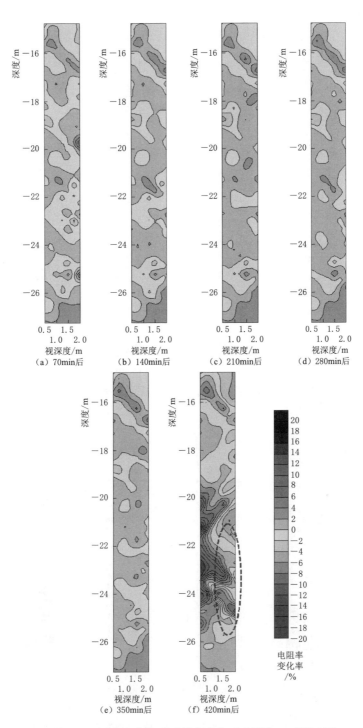

图 8.10 视电阻率变化率随时间的变化（观测孔 B 下部区间）

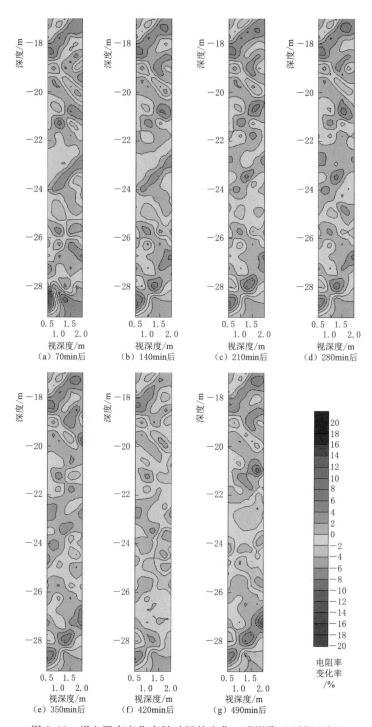

图 8.11 视电阻率变化率随时间的变化（观测孔 C 下部区间）

从上面可以推出，从下部砂岩层注入的盐水主要是向北西方向渗透。

8.3 盐水渗流范围研究

由观测结果可知，盐水注入期间电阻率有可能会沿着断层破碎的高透水带向地表面上升。从周围地形推测地下水流动的方向可能是旁边大面积的水稻田。为了研究盐水的扩散渗流情况，开展了电法勘查、地化学检测、抽水实验。

8.3.1 电法勘查

为了调查盐水流动的路线，以及盐水注入后渗流的范围，首先用在实验场布置的测线 C 进行测定。如果说比周围地下水浓度高数十到数百倍的盐水不能扩散而滞留在注入部位附近的话，地层的电阻率应该只有以前的 $1/10 \sim 1/100$ 的大小。注入部位只距离测线 C 南侧横向下方 $5 \sim 10m$ 的距离，电法勘测的精度完全可以检测得到。

图 8.12 是 2 次调查时的探测结果对比。对比实验前的电阻率断面数据和实验后 3 个月的电阻率测验结果，地下 10m 以内的浅层电阻率都是 $20 \sim 30\Omega \cdot m$，说明实验场注入的高浓度盐水虽然有扩散，但并没有聚集的地方。

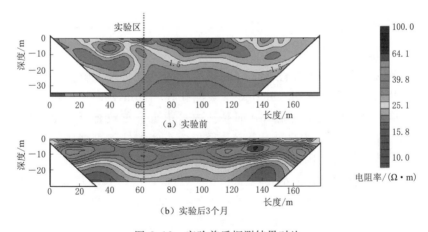

图 8.12 实验前后探测结果对比

8.3.2 地化学检测

盐水溶液注入 3 个月后在各观测孔内进行地化学检测。

用检测设备在孔内进行电气传导度的计测。3 个观测孔结果显示，从孔底开始到地下水位为止，电气传导度在 $0.28 \sim 0.40mS/cm$ 范围内。盐水注入孔的检测结果为 $0.48 \sim 0.66mS/cm$。

盐水注入时，各观测孔的地下水水样的电气传导度观测值和地化学检层的结果见表 8.2。从表 8.2 可以看出，观测孔 A 盐水注入时电气传导度较高，为 0.58mS/cm；3 个月后地化学检测时，注入孔电气传导度比其他观测孔稍高。

表 8.2　　　　　　　　　　电气传导度检测结果　　　　　　　　　单位：mS/cm

检测时间	观测孔 C		注入孔		观测孔 B		观测孔 A	
	地面下	孔底部	地面下	孔底部	地面下	孔底部	地面下	孔底部
注入前	0.31	—	0.35	—	0.31	—	0.38	—
注入当天	0.31		—	—	0.28	—	0.58	—
3 个月后	0.28	0.33	0.55	0.65	0.36	0.40	0.33	0.35

盐水注入后，分析实验场周边采集水样的电气传导度（图 8.13），没有看到特别高的电气传导度，说明盐水没有流动到水田中。

3 个孔从孔底到水位面 pH 值为 7.4 左右。盐水注入孔孔底 pH 值最低，为 7.2，上部慢慢变高，地下水位附近 pH 值变为 7.6。

以上分析说明，盐水在注入孔周围滞留，观测孔没有盐水流入。

8.3.3　抽水实验

8.3.3.1　实验准备

抽水的对象定位在上部注入区间断层所在的位置，为了防止将下部注入区间注入的盐水抽出来，将注入孔和 3 个观测孔在 −20m 处塞住。塞住的原因是孔壁上可能有砂粒和黏土粒附着，而且孔内水中也有土粒悬浮，抽水时会对水泵有影响。在地上完成塞子（一个比孔径稍微小些的柱状可膨胀的皮塞）的制作，然后吊放到位置后固定住。止水拴长 50cm，固定在各个孔的 −20m 深度，止水塞上部具体深度为：注水孔，−20.8m（−20.77～−22.46m）；观测孔 A，−21.1m（−20.96～−21.42m）；观测孔 B，−20.8m（−20.69～−21.43m）；观测孔 C，−21.0m（−20.69～−21.42m）。

止水塞设置完以后，为了让孔内的水不被搅动变浑浊，静置一周时间。为了确认止水塞完全固定，在地面用铁丝拉止水塞，直到拉不动为止。

水泵的吸水口在上部断层位置附近，注水孔为 −11.60m 处，观测孔 B 为 −11.75m 处固定。因为观测孔 B 有电极要插入，水泵抽水管用胶带固定在电极的旁边。为了使抽水泵和电极接点不接触，每两个电极之间都被固定住。

8.3.3.2　实验过程

实验时间为 7 天。

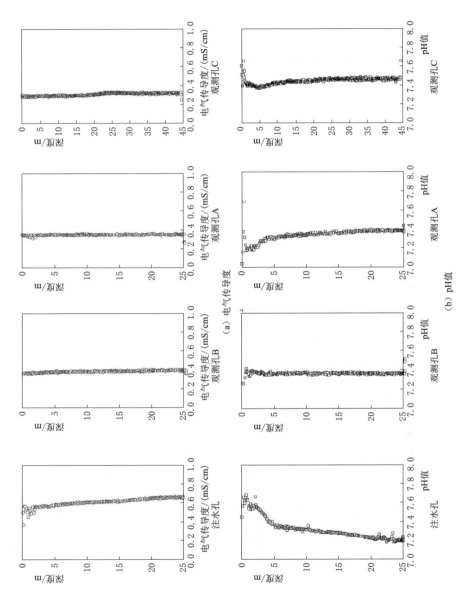

图 8.13　孔内水的电气传导度和 pH 值深度分布图（实验后 3 个月）

（1）第一天，测定抽水水位。正常抽水期间每小时测定一次，根据水位下降情况，调整抽水速度。

（2）第二天，为了了解水泵抽出的水量和工作周期的关系，先进行 40min 预备抽水实验。然后进行电阻率测定工作，并进行定期抽水实验。

（3）抽水过程中，每小时都进行水位、电气传导度、盐分浓度和水温的测定。

（4）抽水的同时，也进行水质调查。

8.3.3.3 测定结果

（1）水位。定时抽水期间，每一个间隔期抽水前和抽水后最大水位下降量见表 8.3。

表 8.3   抽水实验的水位变化   单位：m

时间	观测孔 C		注水孔		观测孔 B		观测孔 A	
	抽水前	水位下降量	抽水前	水位下降量	抽水前	水位下降量	抽水前	水位下降量
实验前	−3.72		−3.52		−3.65		−3.55	
第一天	−3.86	2.05	−3.68	6.17	−3.79	2.73	−3.50	1.35
第二天	−3.97	1.55	−3.76	6.17	−3.83	3.83	−3.57	1.29
第三天	−3.65	1.66	−3.47	7.11	−3.55	3.14	−3.52	1.19
第四天	−3.73	1.57	−3.55	6.53	−3.64	4.82	−3.34	1.26

（2）抽水量。抽水量见表 8.4，注水孔和观测孔 B 合计抽水约 10.3L。

表 8.4   抽 水 量

时间	注水孔		观测孔 B	
	抽水量/（L/min）	日抽水量/L	抽水量/（L/min）	日抽水量/L
第一天	3.7～5.8	397.5	3.7～5.8	282.2
第二天	3.2～5.5	924.0	1.3～2.3	197.7
第三天	3.2～4.8	1679.4	1.3～3.7	546.6
第四天	3.0～4.3	1337.2	1.8～2.0	562.5
第五天	3.8～4.3	478.9	—	—
第六天	3.2～4.4	1454.0	1.6～1.8	552.3
第七天	3.0～4.0	1478.0	1.9～2.0	366.0
合计		7749.0		2507.2

（3）电气传导度和盐分浓度。实验期间，在抽水前和抽水后都进行了电气传导度的测试。

注水孔抽水初期电气传导度最大值为 0.920mS/cm，出现在定量抽水的第四天。抽水结束前的最大值也出现在第四天，为 1.167mS/cm。观测孔 B 抽水初期电气传导度最大值为 0.659mS/cm，出现在定量抽水的第三天。抽水结束前的最大值也出现在第三天，为 0.534mS/cm。详细见表 8.5。

表 8.5 抽水实验中电气传导度测定结果

时间	注水孔			观测孔 B		
	抽水初期电气传导度/(mS/cm)	抽水结束前电气传导度/(mS/cm)	抽水时间	抽水初期电气传导度/(mS/cm)	抽水结束前电气传导度/(mS/cm)	抽水时间
第一天	0.549	0.806	1h35min	0.350	0.391	47min
第二天	0.628	1.072	3h40min	0.374	0.455	2h20min
第三天	0.915	1.160	7h24min	0.659	0.534	4h57min
第四天	0.920	1.167	6h35min	0.455	0.419	4h57min
第五天	0.904	1.033	2h2min	—	—	—
第六天	0.760	1.095	6h52min	0.337	0.376	5h15min
第七天	0.860	1.051	7h27min	0.363	0.379	2h58min

实验期间也测量了盐分浓度。注水孔在抽水开始时盐分浓度为 0.03%；定期抽水期间电气传导度最高值的第四天下午，盐分浓度为 0.08%。从那以后，在 0.05%～0.07%之间波动。观测孔 B 在抽水开始时盐分浓度为 0.02%，定期抽水期间盐分浓度在第三天大部分为 0，其他时间在 0.01%～0.03%之间波动。

（4）水温。定期抽水期间的注水孔温度大约为 15℃，观测孔 B 的温度为 17℃左右，注水孔比观测孔 B 的温度低 2℃。

（5）化学检测。抽水后对井水进行化学检测。检测项目主要是 pH 值、Fe 含量、硬度（TH）、COD 含量，共 4 个项目，结果见表 8.6。

从结果得知，硬度值在 100ppm 以下。注入溶液中化学离子成分浓度很低。

表 8.6 化学检测结果

检测项目	注水孔	观测孔 B	检测项目	注水孔	观测孔 B
pH 值	7.5	7.5	硬度/ppm	50	50
Fe 含量/ppm	2	2 以上	COD 含量/ppm	10	5

8.3.3.4　抽水实验分析

盐水溶液注入后经过约 3 个月，盐分大部分被地层吸收固结。原来注入盐水的回收量和回收率计算起来比较困难，但是，盐水分散情况通过地下水的电气传导度变化的关系可以推导得知，具体如下：

注入时：54000μS/cm（约 2.2m³）

抽水时：1167μS/cm（最大值）

周边值：350μS/cm

差值：817μS/cm（抽水时—周边值）

差值/注入时：1.5%

本次实验盐水的扩散过程中，水的硬度在 20~100ppm 之间变化。盐分浓度最大 0.08%，说明大部分盐分被土壤和岩层吸收了。

一般来说，通过抽水实验可以推测以下可能的变化情况：

（1）电气传导度很快上升到连续注入时的稳定值水平。也就是说，没有被稀释的注入盐水溶液被抽出来了。

（2）电气传导度在缓慢上升到一定值时停下来。也就是说，稍远的地方有高浓度的流体存在，注入的盐水随着地下水的流动而移动。

（3）电气传导度慢慢上升，又马上下降。也就是说，被稀释扩散的流体又被吸出来了。

通过实验可以了解电气传导度变化的相关情况。抽水实验时，电气传导度从抽水前的 350μS/cm 上升到 1167μS/cm，然后又下降。这种现象可以认为是第三种情况，已经稀释扩散的盐水流体被直接吸出来了。盐水溶液残留度最大值显示为 1167μS/cm。由检测结果可以明显看出，从实验场注入的盐水在扩散，高浓度的盐水并没有残留在原注水孔附近。

8.4　流动电位现场实验

为了研究在野外地层注水时流动电位产生的实际情况，在抽水实验结束后，实验区进行了小规模的注水流动电位监测实验。流动电位的测定设置 1 个电极基准点，来计算其他点和它的电位差。测定电极使用的是不会被极化的铅—盐化铅非分极电极，测试开始时和完成后在同一地点进行电位测定，以消除电极的剩余电位影响。

8.4.1　野外实验注水过程

在注水孔内插入花管，注水压力调为 0.13MPa，地下水位以上的 10m 水头相当于一个大气压（约 0.1MPa），注入压力总计为 0.23MPa。注入流量为 144L/min，共注水 16min。根据室内实验结果，淡水的流动电位更明显，因此注入实验采用淡水注入。

注水实验时注入流量和注入压力的测定关系如图 8.14 所示。

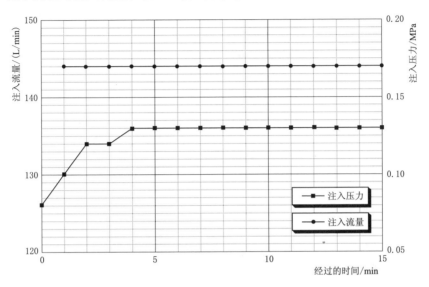

图 8.14　注水实验时注入流量和注入压力的测定关系图

8.4.2　实验测试结果研究

注水实验过程中测定的全部自然电位变化数据如图 8.15 所示，图中的 0 点处为注水开始时间，测定的自然电位分布在 $-170\sim100\text{mV}$ 之间。

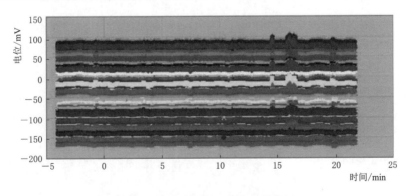

图 8.15　测定的自然电位变化数据

将实验结束后测得的自然电位数据和初始自然电位数据进行差分处理，得

129

到注水实验在不同时间点自然电位的变化值，做成自然电位变化分布图，如图 8.16～图 8.20 所示。

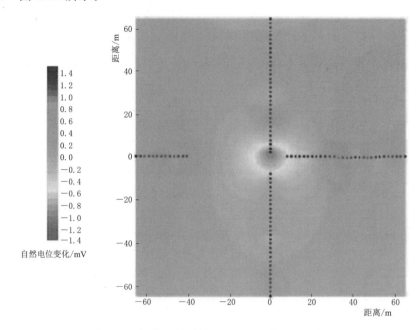

图 8.16 注水开始时伴随发生的电位变化分布图

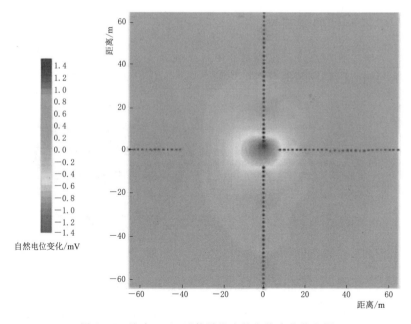

图 8.17 注水 4min 后伴随发生的电位变化分布图

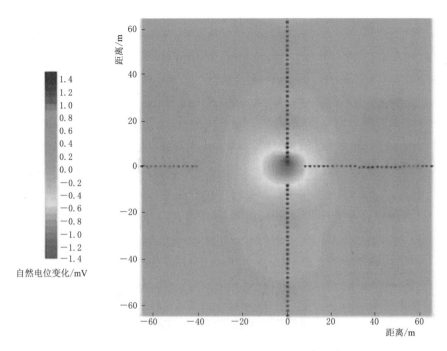

图 8.18　注水 12min 后伴随发生的电位变化分布图

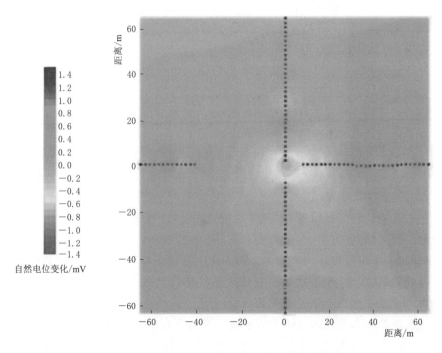

图 8.19　注水 16min 后伴随发生的电位变化分布图

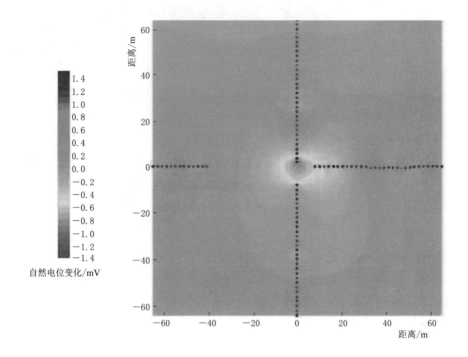

图 8.20　注水 20min 后伴随发生的电位变化分布图

从图 8.16～图 8.20 可以看出：

（1）注水开始时，注水孔周围产生明显的电位变化，随着离注水孔距离加大（实际上等效于注入压力的降低），电位的变化变小。

（2）电位的变化量在注水开始时最大，随着时间的延长（实际上等效于注入压力变化的减小）电位的变化逐渐衰减。

（3）在 16min 注水结束后，到 20min 时，仍然可以看到存在电位变化，这是由于虽然地表的注水已经结束，但是水流在水头的压力下，仍然在地下流动，仍然在进行地下水平衡状态的调整。

注水实验的时候也对整个实验区的流动电位进行了测量，图 8.21 是实验场流动电位探测结果。

从图 8.21 可以确认，实验场北西方向夹在两条断层之间的区域部分存在流动电位异常部位。能看出被测出有高天然气浓度的地方和流动电位异常的部位非常吻合，这个流动电位异常是由于含天然气压力的流体上升存在流动压力和注水时水流的压力造成的含压力的水流流过地下岩层结构形成的。

测量结果也说明流动电位在有压流体流动过程中必然出现，利用流动电位这个特点，可以监测流体的流动情况。

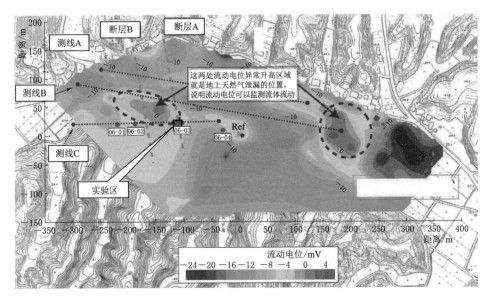

图 8.21 实验场流动电位探测结果

8.5 本章小结

本次实验为实际工程项目中为验证野外流动电位现象而进行的现场小规模地下注水实验。

通过解析实验前后采集的自然电位数据得知,本次野外注水实验检测到的最大自然电位变化量为 1.5mV,也就是由于地下流体流动产生的流动电位最大为 1.5mV。最大流动电位与小规模流动电位实验的注入压力、钻孔深度、自然电位采集设备和相应解析软件的精度相匹配。如果钻孔深度加大、注入压力加大、自然电位测定设备精度更高、解析软件更精密,测得的流动电位最大值应该会提高。

实际油田开发时,往往是数千米的深度,在油层中的注入压力将有数十兆帕,结合室内岩心实验研究的结果可知,相应实际产生的流动电位会很大。实际油田地层条件下的流动电位数据有待日后继续研究。

分析小规模注水实验的过程及实验结果,可以得出如下结论:

(1)向地下注水时,地下流体将产生明显的流动电位。

(2)距离注水孔越近,流动电位越明显。

(3)注水停止后一段时间内,仍然有流动电位存在。

(4)地下流体流动电位变化的数据可以从地面进行采集。

第 9 章

结论与展望

9.1　结论

本研究使用特制的高压实验系统进行了模拟地层条件下的室内流动电位测试实验，研究流体注入地下时流动电位产生的具体情况。分别研究使用蒸馏水、不同矿化度盐水和稀油作为试剂，在变注入压力和定注入压力条件下注入岩心，研究注入压力与注入溶液矿化度和流动电位产生的相互关系，通过对实验取得的流动电位和电阻率变化的数据进行解析，计算出相关岩石在不同矿化度条件下的流动电位系数，初步给出相应条件下流动电位与注入条件的定量关系，并进行了小规模的野外现场浅层注水观测实验。

在变注入压力流动电位实验中，模拟实际储油层地层压力，采用来自实际油田的砂岩岩心，对使用不同矿化度盐水溶液及油饱和岩心进行了数分钟逐渐升压的流体注入实验，考察了流动电位随注入压力变化的规律。从实验结果可得知，在注入水驱替孔隙水的初期，流动电位随注入压力的增加而线性增大，两者具有良好的相关性。对于同一种岩心，流动电位随着注入液矿化度的降低（电阻率升高）而增大。用油饱和岩心时，流动电位也和压力变化有明显相关性。通过对比两种砂岩岩心的实验结果可以得知，在中砂岩和粗砂岩中，流体注入时产生的流动电位现象都较明显。在较短的注入期间，当注入压力变为 0

134

时，流动电位也同时变为 0。

结合实际油田复杂的工况组合，在室内进行了不同围压和注入压力组合条件下的测试实验。使用近似淡水、中等矿化度、较高矿化度溶液和稀油对岩心进行了饱和，使用模拟实际淡水的蒸馏水注入岩心，进行了定注入压力流动电位实验，分别考察了数小时的注入过程中不同矿化度条件下流动电位变化的情况。从长时间的孔隙水驱替实验可以得知，在岩心孔隙水和注入蒸馏水置换的过程中，电阻率增大，在一定的注入压力条件下，流动电位逐渐变大。当岩心中的孔隙水被注入的蒸馏水全部置换完毕，电阻率停止变化时，仍然有一定的流动电位发生，注入压力变为 0 时，流动电位迅速降低。

为了验证野外实际地层中流动电位产生的具体状况，还进行了野外浅地层小规模注水实验。从野外注水实验结果得知，注水开始时，注水孔周围产生明显的流动电位，随着离注水孔距离的加大、时间的延长，实际上就是随着注入压力的等效降低，流动电位逐渐衰减。当注水结束后，在一定的时间内仍然可以观测到流动电位现象。当注入水为淡水，注水孔深度为 21.6m，注入压力为 0.23MPa 时，对应产生的最大流动电位为 1.5mV。在实际油田开发现场，油层大多在数千米的深度，注入水压力也远大于实验压力，相应产生的流动电位应该会更大。

通过研究室内外实验的结果，可以推测出流动电位产生的机理。当在一定注入压力下向岩心内渗透了很小的流量时，岩心的电阻率几乎不变，却渐渐产生了和注入压力有一定比例关系的流动电位；当注入压力变为一个定值时，流动电位也变为一个定值。随着注入流量的增大，岩心内的孔隙水慢慢被注入溶液置换掉，电阻率也随着逐渐增大，流动电位也慢慢变大。当岩心内部的孔隙水被注入溶液置换完毕后，电阻率的变化也随即停止，也就产生了一个和注入压力有一定比例关系的流动电位。

综合分析大量室内实验的结果和小规模野外注水实验的结果，可以认为地层中流体流动电位的变化是地下流体进行压力重新分配的直接表现，在地面采集地下流体流动电位变化的数据，结合实验分析和数据的解析处理，可以了解流动电位变化的规律[68-69]。

通过研究流动电位现象在岩心和地层中实际产生的状况可以知道，将来流动电位法的相关技术一旦成熟应用，根据地面测得的流动电位变化的具体情况就可以直接推测流体渗流路径、地下流体压力分布状况等。同时也可以间接得到地下储油层非均质分布的基本信息，如断层、裂隙、非渗透隔断层分布等，从而对地面的采注工作提供有效指导。如果可以科学利用地下流体由于压力变化产生电位变化这一现象，就可以有效对地下流体的流动状态进行实时监测。

本书中提出的利用流体流动电位现象对深地层流体的流态进行实时监测，

揭示油田储油层地质结构，从而指导地面采注工作的想法，为我国油藏开发物探测井提供了一种新的技术思路。对流动电位现象和注入条件相关性开展室内模拟地层条件下的实验研究，为将来我国油藏开发时对流动电位法的实际应用积累了基础数据，也为将来实际石油开发提供了一定的量化评价基础。

9.2　存在的问题

流体的流动电位法研究是一个前瞻性学科，也是一个基础学科和工程技术紧密结合的新兴学科。流动电位法在油藏开发中的应用研究，交叉了地球物理测井技术、岩土工程实验技术、数据采集处理技术、石油开采技术、石油化学等众多学科领域的知识。尽管本书在大量调研的基础上，尽量收集国内外最新研究动态，取得了一定的进展，但是由于该领域目前尚处于探索研究阶段，还没有形成成熟的理论体系，仍然有诸多问题没有很好地解决，有待在今后的研究中继续补充和提高。

（1）虽然提出了地层条件下流动电位实验的设想，但是限于实验设备条件，实验中只是模拟了地层压力部分，并没有考虑实际油藏开发中地热温度对流动电位的影响。大量室内岩心加热实验及野外地层温度变化研究都表明温度变化对岩层电阻率的影响较大[70-71]，但是未能和压力结合到一起进行研究讨论。今后应在同时考虑压力和温度效应条件下进行更多的实验，对流体的流动电位现象进行更深入的研究。

（2）本书的实验考虑了在岩心内使用油进行流动电位现象的测试，但是未能使用不同黏度的油开展实验，不能给出不同黏度条件下流动电位现象规律的实验结果，今后应在油的各种黏度及其他相关性质对流动电位的影响和敏感性分析等方面加强研究。

（3）本书的实验使用的岩心均是完整的砂岩岩心，显微镜下观察没有裂隙存在。虽然进行了大量的实验，但不能给出流体在裂隙中产生流动电位现象的变化规律。虽然试图在岩心加工时增加人为裂隙，但是极易造成岩心整体断裂，致使岩心处理及实验很难进行。今后应在含裂隙的岩心实验以及向注入液中加入气泡后的流动电位现象等方面进一步开展研究工作。

（4）鉴于现场采油时，不同采油工地的注入液和注入压力的工况组合较为复杂，虽然也进行了多种工况组合条件下的测试研究，但是完全和现场的工况进行科学匹配难度较大，今后应在工况组合方面开展更多研究。

（5）由于流动电位测定数据的严格重现较难，不同类型、不同实验条件的流动电位室内实验如何进行有效对比，如何更好地把握流动电位变化规律问题尚未解决。应该用更多的实验，利用大数据寻找规律。

（6）尽管进行了小规模的野外浅地层注水实验，但是和实际油藏开发时的地层环境还是差距较大，希望今后能在实际的采油施工现场开展流动电位数据的采集和处理工作，更进一步开展现场应用研究。

（7）本书对流动电位现象的研究偏重大量的岩心实验及对数据结果的处理。由于作者学科背景限制，理论分析部分没能充分讨论，下一步应加强对实验结果进行理论研究，更多进行规律性探讨和总结。

9.3 展望

今后对我国不同油田区域、不同的砂岩进行大量的实验统计，对于某一固定油田区域，可以利用采集到的流动电位数据和室内实验计算的流动电位系数关系，较快地计算推测出某一特定区域的压力分布情况，可以有效地指导地面进行注入压力调整及合理布置和加密注采井等工作。利用对流动电位数据处理得到的直观的可视化图形，也可以直接判断地下岩层的地质结构。

参 考 文 献

［1］ GIAN Luigi Chierici. 油气藏工程原理［M］. 窦之林，王赟，译. 北京：科学出版社，2009.

［2］ 庞巨丰，李长星，施振飞，等. 测井原理及仪器［M］. 北京：科学出版社，2008.

［3］ 金毓荪，隋新光，等. 陆相油藏开发论［M］. 北京：石油工业出版社，2006.

［4］ 廖久明，邱奎，温守东. 石油化学［M］. 北京：中国石化出版社，2009.

［5］ RODRIGUES R，LEVANT M，KLIMENKO A. Relevance of zeta potential as a tool for predicting the response of controlled salinity waterflooding in oil - water - carbonate systems［J］. Fuel：A Journal of Fuel Science，2022. DOI：10. 1016/j. fuel. 2022. 124629.

［6］ SADEQI - Moqadam M，RIAHI S，BAHRAMIAN A. Monitoring wettability alteration of porous media by streaming potential measurements：Experimental and modeling investigation［J］. Colloids and Surfaces A：Physicochemical and Engineering Aspects，2016，497 (6)：182 - 193.

［7］ 姜汉桥. 油藏工程原理与方法［M］. 东营：石油大学出版社，2000.

［8］ REUSS. Memoires de la societe imperiale de naturalistes de Mosco［J］. Moscow Society of Natural History，1809 (2)：327.

［9］ FRANZ R，WIEDEMANN G. Ueber die Wärme - Leitungsfähigkeit der Metalle［J］. Annalen der Physik，1853，165 (8)：497 - 531.

［10］ SONG G X，CHENG C，DING F，et al. Research method of flowing potential and its application in oil and gas field development［J］. Journal of Chongqing University of Science and Technology (Natural Science Edition)，2020，22 (2)：30 - 35.

［11］ 王建，营爱玲，王晓琳. 表界面现象及双电层模型［J］. 连云港化工高等专科学校学报，2000，13 (1)：13 - 15.

［12］ FITTERMAN D V. Electrokinetic and magnetic anomalies associated with dilatants regions in a layered earth［J］. Ggophys. Res，1978，83：5923 - 5928.

［13］ 蔺爱国，刘培勇，刘刚，等. 膜分离技术在油田含油污水处理中的应用研究进展［J］. 工业水处理，2006，26 (1)：5 - 8.

［14］ 蔺爱国，张国忠，刘刚. 改性聚四氟乙烯膜在油田含油污水处理中的动电现象［J］. 石油学报（石油加工），2007，23 (6)：66 - 69.

［15］ 叶楠. 膜流动电位测试技术及其应用研究［D］. 天津：天津大学，2002.

[16] 王建，王晓琳. 流动电位法研究聚烯烃微孔膜在电解质溶液中的动电现象 [J]. 高校化学工程学报，2003，17（4）：372－376.

[17] 王建，王晓琳. 膜动电现象的研究进展 [J]. 水处理技术，2002，28（6）：311－315，372.

[18] 王建，周洪英，王明艳，等. 流动电位法对降温结晶过程的研究 [J]. 人工晶体学报，2005，34（3）：557－561.

[19] 莫剑雄，刘淑敏. 膜流动电势的有关理论及测量方法 [J]. 水处理技术，1991，17（3）：153－161

[20] 汪勇，范云双，杜启云. 荷正电膜的研究 [J]. 天津工业大学学报，2000，20（1）：79－83.

[21] 王薇，李国东，杜启云. 流动电位法表征纳滤膜的表面动电特性 [J]. 材料导报，2008，22（8）：131－135.

[22] 朱孟府，龚承元，苏建勇. 荷电微孔滤膜流动电位测量方法的研究 [J]. 医疗卫生装备，1996，1：4－8.

[23] 李昭成，杨桂花. 流动电位法 Zeta 电位仪的测量原理及使用性能 [J]. 纸和造纸，2002，4：29－30.

[24] 房孝涛，王怡俊，孙久军. 基于流动电位法纸浆 Zeta 电位检测方法的研究 [J]. 西南造纸，2006，35（3）：41－42.

[25] 罗海宁，姚海林，詹碧燕，等. 土柱在压应力作用下端面间电位差发生的研究 [J]. 岩石力学与工程学报，2000，19（2）：246－249.

[26] 汪锰，安全福，吴礼光，等. 膜 Zeta 电位测试技术研究进展 [J]. 分析化学，2007，35（4）：605－610.

[27] 房文静，关继腾，王殿生. 用毛管电动—水动力学模型研究储层的流动电位 [J]. 测井技术，2000，24（2）：92－95.

[28] 汪益，陈振标. 驱替过程中的岩石电阻率实验研究 [J]. 内蒙古石油化工，2007，9：87－88.

[29] 黄导武，刘建新. 海上油气田油气水层自然电位特征及机理浅析 [J]. 测井技术，2006，30（2）：165－167.

[30] 杨春梅，李洪奇，陆大卫，等. 油田开发过程中的动电现象研究 [J]. 地球物理学进展，2005，12（4）：1140－1144.

[31] 金林，牛建军，王金鑫，等. 电位法动态监测技术在油田储层监测中的应用 [J]. 中国水运，2014，14（11）：183－184，239.

[32] 卜亚辉，钱程，韩文琼，等. 动电效应在生产测井中的应用方法研究 [J]. 科学技术与工程，2012，12（31）：8355－8358.

[33] 韩学辉，匡立春，何亿成，等. 岩石电学性质实验研究方向展望 [J]. 地球物理学进展，2005，20（2）：348－356.

[34] KIM K J, FANE A G, NYSTROM M, et al. Evaluation of electroosmosis and streaming potential for measurement of electric charges of polymeric membranes [J]. Journal of Membrane Science, 1996, 116 (2): 149－159.

[35] SHON H K, VIGNESWARAN S, KIM I S, et al. Effect of pretreatment on the fouling of membranes: application in biologically treated sewage effluent

[J]. Journal of Membrane Science，2004，234：111-120.

[36] BEREZKIN V V，VOLKOV V I，KISELEVA O A，et al. Electrosurface properties of poly（ethylene terephtalate）track membranes［J］. Advances in Colloid and Interface Science，2003，104：325-331.

[37] TAKAGI R，HORI M，GOTOH K，et al. Donnan potential and potential of cellulose acetate membrane in aqueous sodium chloride solutions［J］. Journal of Membrane Science，2000，170：19-25.

[38] SCHAEP J，VANDECASTEELE C. Evaluating the charge of nanofiltration membranes［J］. Journal of Membrane Science，2001，188：129-136.

[39] PONTIÉ M，DIAWARA C K，RUMEAU M. Streaming effect of single electrolyte mass transfer in nanofiltration：potential application for the selective defluorination of brackish drinking waters［J］. Desalination，2003，151：267-274.

[40] PENG W H，ESCOBAR I C，WHITE D B. Effects of water chemistries and properties of membrane on the performance and fouling-a model development study［J］. Journal of Membrane Science，2004，238：33-46.

[41] LUKÁ J，RICHAU K，SCHWARZ H H，et al. Surface characterization of polyelectrolyte complex membranes based on sodium cellulose sulfate and various cationic components［J］. Journal Membrane Science，1997，106（1）：281-288.

[42] LORNE B，PERRIER F，AVOUAC J P. Streaming potential measurements properties of the electrical double layer from crushed samples［J］. Journal of Geophysical Research solid Earth，1999，104（B8）：17857-17877.

[43] MOORE J R，GLASER D，MORRISON H F. Large-scale physical modeling of water injection into geothermal reservoirs and correlation to self potential measurements［R］. Cambrige：Soil and Rock America，2003.

[44] WURMSTICH B，MORGAN F D. Modeling of streaming potential responses caused by oil well pumping［J］. Geophysics，1994，59：46-56.

[45] 铃木浩一. 利用地基电阻率特性开发新的物理勘探方法—电法勘探光谱 IP 法适用于软质地基的水理地质构造调查［R］. 东京：电力中央研究所研究报告，2006.

[46] 铃木浩一. 结晶质岩及沉积岩试样的电阻率特性研究—间隙水电阻率和表面传导现象对岩石电阻的影响［R］. 东京：物理探查，2003：107-116.

[47] 自然资源部. 2023 年中国自然资源公报［R］. 北京：自然资源部，2024.

[48] 高贵生. Usari 油田 BQI 重油油藏的二次开发［J］. 国外石油动态，2007（8）：14-17.

[49] 吴景春. 改善特低渗透油田注水开发效果技术及机理研究［D］. 大庆：大庆石油学院，2006.

[50] BO Y H，YAO J，LI A F，et al. Numerical simulation of three-dimensional reservoir flow potential and prediction of oil-water front［J］. Journal of China University of Petroleum（Natural Science Edition），2014，38（1）：81-86.

［51］ 仵彦卿，曹广祝，丁卫华. 砂岩渗透参数随渗透水压力变化的 CT 试验 ［J］. 岩土工程学报，2005，27（7）：780－785.

［52］ 周浩. 大型非均质水驱油物理模拟系统研究 ［D］. 北京：北京化工大学，2008.

［53］ 高明. 低渗透油层提高采收率实验研究 ［D］. 大庆：大庆石油学院，2006.

［54］ 师永民. 中国北方典型陆相油田注水开发中后期流动单元研究 ［D］. 北京：中国地质大学（北京），2005.

［55］ 王瑞飞. 低渗砂岩储层微观特征及物性演化研究 ［D］. 西安：西北大学，2007.

［56］ BU Y H，QIAN C，HAN W Q，et al. Study on application of electrokinetic effect in production logging ［J］. Science and Technology and Engineering，2012，12（31）：8355－8358.

［57］ JIN L，NIU J J，WANG J X，et al. Application of potential dynamic monitoring technology in oilfield reservoir monitoring ［J］. China Water Transport，2014，14（11）：183－184.

［58］ DUY T L，DAMIEN J，SOLAZZI S G，et al. Dynamic streaming potential coupling coefficient in porous media with different pore size distributions ［J］. Geophysical Journal International，2021（1）：1. DOI：10.1093/gji/ggab491.

［59］ 张建华，刘振华，许杰. 电法测井原理与应用 ［M］. 西安：西北大学出版社，2002.

［60］ 陆大卫，等. 剩余油饱和度测井评价新技术 ［M］. 北京：石油工业出版社，2003.

［61］ HUNTER R J. Zeta potential in colloid science－principles and applications ［M］. London：Academic Press，1981.

［62］ 王小林. 不稳定注水提高采收率技术研究 ［D］. 青岛：中国石油大学（华东），2006.

［63］ 赵军，刘兴礼，李进福，等. 岩电参数在不同温度、压力及矿化度时的实验关系研究 ［J］. 测井技术，2004，28（4）：269－272.

［64］ 戴诗华，何亿成，王界益，等. 全直径岩心分析装置及 Archie 公式在非均质储层的应用 ［J］. 国外测井技术，2005，20（5）：35－39.

［65］ THANH L D，DO P V，NGHIA N X，et al. A fractal model for streaming potential coefficient in porous media ［J］. Geophysical Prospecting，2017，66（4）：753－766.

［66］ YOKOYAMA X. The relation between the temperature and the electrical conductivity of water solution ［J］. Geophysics，1983，5：103－120.

［67］ ARPS J J. The effect of temperature on the density and electrical resistivity of sodium chloride solutions ［J］. Petr Trans AIME，1953，198：327－330.

［68］ ZHANG F，LI T，ZHANG B Y，et al. New technology research of efficient utilization of geothermal energy ［R］. Journal of Physics：Conference Series，2024：12－14.

［69］ ZHANG F. Research on monitoring methods for fluid flow in strata ［J］.

Processes，2024，12（12）：2846.

［70］ 张峰，曾聪，苗元亮，等．地下岩体温度变化影响区域探测方法的实验研究［J］．岩土工程学报，2010，32（11）：1727－1732.

［71］ ZHANG F，SHAO J L，ZHOU R H．Experimental study on temperature field monitoring methods during gas discharge in coal seams［J］．Processes，2025，13（5）：1295.